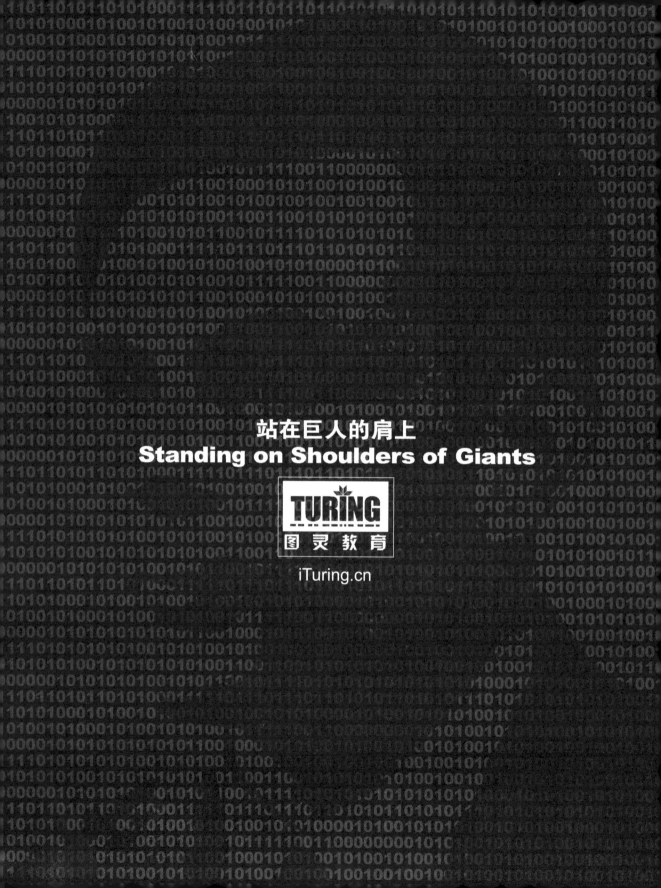

图灵程序设计丛书

Serverless
架构应用开发
Python实现

［印］贾莱姆·拉杰·罗希特 著
安 翔 译

Building Serverless Applications with Python

人民邮电出版社
北 京

图书在版编目（CIP）数据

　　Serverless架构应用开发：Python实现 /（印）贾莱姆·拉杰·罗希特（Jalem Raj Rohit）著；安翔译. -- 北京：人民邮电出版社，2019.8
　　（图灵程序设计丛书）
　　ISBN 978-7-115-51724-1

　　Ⅰ.①S… Ⅱ.①贾… ②安… Ⅲ.①移动终端—应用程序—程序设计 Ⅳ.①TN929.53

　　中国版本图书馆CIP数据核字(2019)第155655号

内 容 提 要

　　本书主要基于云架构的Python示例来讲解Serverless的概念。Serverless架构的核心思想是函数即服务。这种架构能合理配置闲置资源，无须专门的运维团队成员来维护和管理服务器，因此能节省很多管理费用。

　　本书分为三个模块：第一个模块解释Serverless架构的基本原理以及AWS lambda函数的作用；第二个模块教你构建、发布并部署应用到生产环境；第三个模块将带领你完成高级主题，例如为应用构建Serverless API。你还将学习如何扩展Serverless应用并处理生产中的分布式Serverless系统。在本书的最后，你将能够使用Serverless框架构建可扩展的高效Python应用程序。

　　本书适合希望了解云平台中Serverless架构的Python开发人员阅读。

◆ 著　　[印] 贾莱姆·拉杰·罗希特
　译　　安　翔
　责任编辑　温　雪
　责任印制　周昇亮

◆ 人民邮电出版社出版发行　北京市丰台区成寿寺路11号
　邮编　100164　电子邮件　315@ptpress.com.cn
　网址　http://www.ptpress.com.cn
　北京鑫正大印刷有限公司印刷

◆ 开本：800×1000　1/16
　印张：12
　字数：284千字　　　　　　2019年8月第 1 版
　印数：1 – 3 500册　　　　 2019年8月北京第 1 次印刷

著作权合同登记号　图字：01-2018-7610号

定价：59.00元
读者服务热线：(010)51095183转600　印装质量热线：(010)81055316
反盗版热线：(010)81055315
广告经营许可证：京东工商广登字 20170147 号

版 权 声 明

Copyright © 2018 Packt Publishing. First published in the English language under the title *Building Serverless Applications with Python*.

Simplified Chinese-language edition copyright © 2019 by Posts & Telecom Press. All rights reserved.

本书中文简体字版由 Packt Publishing 授权人民邮电出版社独家出版。未经出版者书面许可，不得以任何方式复制或抄袭本书内容。

版权所有，侵权必究。

前　言

Serverless 是一个全新的计算机工程领域，它让开发人员专注于编写代码和部署基础设施，而不必在服务器的维护上浪费精力。本书主要基于云架构的 Python 示例来讲解 Serverless 的概念。

读者对象

本书主要为那些想要了解云平台（比如 Azure 和 AWS）上 Serverless 架构的 Python 开发人员而写。因此，要想更好地阅读本书，了解基本的 Python 编程知识是必不可少的。

本书内容

第 1 章，Serverless 范式，介绍微服务和 Serverless 架构的基本概念，并明确列出 Serverless 架构的优缺点。

第 2 章，在 AWS 中构建 Serverless 应用程序，详细介绍 AWS Lambda 的概念、工作原理以及组件，并具体解释 Lambda 的安全性、用户控制和版本控制。

第 3 章，构建 Serverless 架构，进一步介绍 AWS Lambda 中的各种触发器以及它们与函数集成的方法。通过阅读这一章，读者将了解每个触发器的事件结构，还将学会根据使用的触发器类型修改 Lambda 函数。

第 4 章，部署 Serverless API，带领读者探索 AWS API 网关，并利用 API 网关和 Lambda 构建出高效且可扩展的 Serverless API。此外，这一章还将展示如何通过添加身份验证改进 API，以及如何通过限制请求等方法设置用户级别的控制。

第 5 章，日志与监控，介绍 Serverless 应用程序中日志和监控的概念，这仍然是该领域一个尚未解决的问题。这一章带领读者在 AWS 环境中，用 Python 通过自定义指标和日志构建日志和监控系统；此外，还将详细介绍在 Python 中对 Lambda 函数进行日志记录和监控的最佳实践。

第 6 章，扩展 Serverless 架构，讨论如何使用多个第三方工具扩展 Serverless 架构以应对高负载，并且介绍如何利用现成的 Python 模块来保证安全性，以及提供日志和监控功能。

第 7 章，AWS Lambda 的安全性，教读者利用 AWS 自带的安全功能部署安全的 Serverless 应用程序。这涉及严格控制应用程序可以访问的组件，以及有权访问和操作应用程序的用户。读者还将了解 AWS 虚拟私有云和子网，以便理解可以在 AWS Lambda 中遵循的安全功能和最佳实践。

第 8 章，使用 SAM 部署 Lambda 函数，介绍如何通过 Serverless 应用程序模型将 Lambda 函数部署为基础设施即代码。这是一种编写和部署 Lambda 函数的新方法，使得与其他 IaaS 服务（比如 CloudFormation）集成变得更简单。

第 9 章，微软 Azure Functions 简介，带领读者熟悉微软 Azure Functions，并解释该工具的组件及其配置方法。

阅读前提

为了更好地阅读本书，读者应该对 Python 编程语言有基本的了解。如果对云平台也很熟悉，那再好不过了。

排版约定

本书采用如下排版约定。

等宽字体：表示代码、数据库表名、用户输入。例如："所有的 SAM 都需要元信息，包括 `AWSTemplateFormatVersion` 和 `Transform`。它会让 `CloudFormation` 知道你所编写的是 AWS SAM 代码，并且是一个 Serverless 应用程序。"

代码段的样式如下：

```
AWSTemplateFormatVersion: '2010-09-09'
Transform: AWS::Serverless-2016-10-31
```

黑体字：表示新术语、重点内容，或者界面上显示的内容。比如，菜单或者对话框中的内容就会用黑体字表示。例如："要想创建一个函数，需要单击页面右侧橙色的 **Create a function**（创建一个函数）按钮。"

 此图标表示警告或者重要信息。

 此图标表示提示或者小技巧。

保持联系

我们始终欢迎读者的反馈。

一般反馈：发送邮件至 feedback@packtpub.com 并在邮件主题中注明书名。如果对本书有任何疑问，请发送邮件至 questions@packtpub.com。

勘误：尽管我们已尽全力来保证本书内容的准确性，但错误在所难免。假如你发现书中有错，请告知我们，我们将非常感激。请访问 https://www.packtpub.com/support，单击 Support Errata 选项卡，选择图书，然后输入勘误详情。①

反盗版：如果你在网上发现以任何形式复制我们作品的非法行为，请立即将地址或网站名告知我们，我们将非常感谢。请联系 copyright@packtpub.com 提供有盗版嫌疑的链接。

成为作者：如果你是某个领域的专家，并且有兴趣编写图书，请访问 authors.packtpub.com。

评论

请留下你的评论。阅读并使用本书之后，为什么不在购买网站上发表评论呢？其他读者可以参考你的评价来做出购买决定，Packt 可以了解你对我们产品的看法，作者也能看到你对本书的反馈。谢谢！

想了解关于 Packt 的更多信息，请访问 https://www.packtpub.com。

电子书

扫描如下二维码，即可购买本书电子版。

---

① 本书中文版勘误，请到 http://www.ituring.com.cn/book/2648 查看和提交。——编者注

目 录

第 1 章　Serverless 范式 ·············· 1
1.1　了解 Serverless 架构 ············· 1
1.2　了解微服务 ··············· 3
1.3　Serverless 架构不仅仅是实时的 ······· 3
1.4　Serverless 的优缺点 ············ 5
1.5　小结 ················· 7

第 2 章　在 AWS 中构建 Serverless
　　　　应用程序 ············· 8
2.1　AWS Lambda 的触发器 ·········· 8
2.2　Lambda 函数 ·············· 12
2.3　函数即容器 ··············· 13
2.4　配置函数 ··············· 14
2.5　测试 Lambda 函数 ············ 21
2.6　Lambda 函数的版本控制 ········· 24
2.7　创建部署包 ··············· 27
2.8　小结 ················· 31

第 3 章　设置 Serverless 架构 ········· 32
3.1　S3 触发器 ··············· 32
3.2　SNS 触发器 ·············· 40
3.3　SQS 触发器 ·············· 49
3.4　CloudWatch 触发器 ··········· 56
3.5　小结 ················· 61

第 4 章　部署 Serverless API ·········· 63
4.1　API 方法与资源 ············· 63
4.2　设置集成 ··············· 70
4.3　为 API 部署 Lambda 函数 ········ 77

4.4　处理身份验证与用户控制 ········· 82
4.5　小结 ················· 87

第 5 章　日志与监控 ············· 88
5.1　了解 CloudWatch ············ 88
5.2　了解 CloudTrail ············· 97
5.3　CloudWatch 的 Lambda 指标 ······· 103
5.4　CloudWatch 的 Lambda 日志 ······· 111
5.5　Lambda 的日志语句 ··········· 114
5.6　小结 ················· 117

第 6 章　扩展 Serverless 架构 ········· 118
6.1　第三方编排工具 ············· 118
6.2　服务器的创建和终止 ··········· 124
6.3　最佳安全实践 ·············· 130
6.4　扩展的难点及解决方案 ·········· 135
6.5　小结 ················· 137

第 7 章　AWS Lambda 的安全性 ······· 138
7.1　了解 AWS VPC ············ 138
7.2　了解 VPC 中的子网 ··········· 143
7.3　在私有子网内保护 Lambda ······· 147
7.4　Lambda 函数的访问控制 ········· 150
7.5　在 Lambda 中使用 STS 执行安全
　　会话 ················· 150
7.6　小结 ················· 150

第 8 章　使用 SAM 部署 Lambda 函数 ···· 151
8.1　SAM 简介 ··············· 151

8.2 将 CloudFormation 用于 Serverless
    服务 ·································· 154
8.3 使用 SAM 进行部署 ················ 155
8.4 了解 SAM 中的安全性 ············ 162
8.5 小结 ······································ 166

第 9 章 微软 Azure Functions 简介 ········ 167
9.1 微软 Azure Functions 简介 ·········· 167
9.2 创建你的第一个 Azure Function ········ 169
9.3 了解触发器 ································ 172
9.4 Azure Functions 的日志记录和监控 ······ 176
9.5 编写微软 Azure Functions 的最佳
    实践 ·· 178
9.6 小结 ······································· 180

第 1 章 Serverless 范式

在阅读本书之前，你可能已经对 Serverless 有所耳闻，比如听说过 Serverless 范式、Serverless 工程以及 Serverless 架构。如今，随着**事件驱动的架构设计**（又称 **Serverless 架构**）盛行，开发人员部署应用程序的方式已经发生了巨大的变化，在数据工程和 Web 开发领域尤甚。

在服务器工作负载的间隙，将闲置资源和服务器置于生产闲置状态的情况并不少见，但这会造成基础设施的极大浪费。如果工作负载之外的其他时间不需要闲置资源怎么办？如果可以在必要时创建资源并在工作完成后将资源销毁呢？

阅读本章内容之后，你将了解 Serverless 架构和函数即服务的工作原理，以及如何将它们构建到现有的软件架构中。你还将了解什么是微服务，并且能够判断 Serverless 和微服务是否适用于你的体系结构，并学会在主流的云平台（比如**亚马逊的 AWS** 以及**微软的 Azure**）上使用 Python 构建 Serverless 应用程序。

本章包括以下内容：

- 了解 Serverless 架构
- 了解微服务
- Serverless 架构不仅仅是实时的
- Serverless 架构的优缺点

1.1 了解 Serverless 架构

Serverless 架构或者 Serverless 工程的核心思想是函数即服务。从技术角度来讲，互联网上最准确的 "Serverless 计算" 的定义如下：

> "Serverless 计算又称为**函数即服务（FAAS）**，它是一种云计算和代码执行模型，其中云提供商管理函数的容器——**平台即服务（PaaS）**——的启动和停止。"

让我们仔细研究上述定义的每个部分，从而更好地理解 Serverless 计算的范式。先来了解 "函数即服务"这个术语。它意味着任何 Serverless 模型都有一个在云平台上运行的函数。这些函数只不过是代码块,它们的执行取决于与之相关联的触发器。下图展示了 AWS Lambda 环境中的所有触发器。

- Amazon S3
- Amazon DynamoDB
- Amazon Kinesis Streams
- Amazon Simple Notification Service
- Amazon Simple Email Service
- Amazon Cognito
- AWS CloudFormation
- Amazon CloudWatch Logs
- Amazon CloudWatch Events
- AWS CodeCommit
- Scheduled Events (powered by Amazon CloudWatch Events)
- AWS Config
- Amazon Alexa
- Amazon Lex
- Amazon API Gateway
- Other Event Sources: Invoking a Lambda Function On Demand
- Sample Events Published by Event Sources

接下来了解一下函数启动和停止的管理机制。只要有触发器触发了某个函数,云平台就会启动一个容器,用来执行该函数。一旦该函数执行成功并返回结果,或者运行超时,那么运行该函数的容器就将被云平台回收或者销毁。在高负载的情况下,或者当两个触发器之间几乎不存在时间间隔时,这种回收机制使得容器能够被重复利用。

再来看看上述"Serverless 计算"定义的后半部分,即函数的容器。这意味着函数在容器中启动和执行。Docker 公司将"容器"的概念发扬光大,它对"容器"的标准定义为:

"容器映像是一个轻量级、独立且可执行的软件包,其中包含了软件运行所需的一切:代码、运行时、系统工具、系统库、设置。"

容器的作用是将函数的代码、运行时环境等打包到单个部署包中,以实现无缝执行。**部署包**中包含了该函数的主代码文件,以及执行该函数所需的所有非标准库。部署包的创建过程与 Python 虚拟环境的创建过程非常相似。

因此,我们可以明确地指出,对于采用 Serverless 架构的应用程序,其服务器不会一直运行。其好处显而易见,那就是无须专门的运维团队成员来维护和管理服务器。节省出来的人力可以专注于其他事情,比如软件研发等。同时,这也为公司和个人节省了资源和成本。对于那些经常使用 GPU 实例应对高负载的机器学习和数据工程团队来说,好处就更加明显了。因此,按需运行的 Serverless GPU 实例无须开发人员或者运维团队全天候维护,从而能够节省一大笔资金。

1.2 了解微服务

与Serverless的概念类似,面向微服务的设计策略最近也非常流行。这种架构设计在Serverless的概念出现以前就已经存在很长时间了。就像我们试图通过互联网上的技术定义来理解Serverless架构一样,我们也应通过互联网上的技术定义来理解微服务。微服务的技术定义如下:

"微服务又称为**微服务架构**,它是一种架构风格,将应用程序构建为一组松耦合的服务,以实现业务功能。"

与Serverless架构一样,规划和设计微服务形式的架构同样有利有弊。我们要熟知微服务架构的优缺点,以便使用时能够扬长避短。在阐述微服务的缺点之前,先来看看它的优点。

微服务能够帮助软件团队保持敏捷和逐步改进。简单来说,由于各个服务之间彼此分离,因此升级和改进一项服务非常容易,并且不会导致其他服务崩溃。例如,在社交网络软件中,如果聊天和订阅功能都是微服务,那么当软件团队尝试升级或者修复聊天服务时,订阅服务完全不会受影响。然而,在大型整体式系统中,很难像微服务那样将功能独立开来。因此,在整体式架构中,即使是一个小组件的修复或者升级都会导致所有服务的停止,而修复所需的时间也往往超出预期。

整体式架构的代码量非常庞大,任何一个小故障都会影响整个系统的运转。微服务则对代码进行了精简和细分,从而极大地提升了开发人员的工作效率。开发人员可以在开销极小甚至为零并且不需要停机的情况下修复和改进服务。容器可以让我们更好地利用微服务,它提供了有效且完整的虚拟操作系统环境,能够隔离进程,并且提供底层硬件资源的专属访问权限。

当然,微服务也有缺点,其中最主要的一点是,它依赖分布式系统。由于各个服务之间是相互独立的,所以架构师需要弄清楚各个服务之间的交互方式,从而构建出功能完整的产品。因此,服务之间的交互方式,以及它们之间数据的传输策略,都是架构师需要认真考虑的问题。分布式系统的主要问题,比如**共识**、**CAP 定理**、**维持共识的稳定性**以及**连接**,都是工程师在构建微服务时需要处理的问题。确保和维护安全性也是分布式系统和微服务中的主要问题。你需要为每个微服务制定单独的安全模式和层级,还需要为服务之间的数据交互制定安全策略。

1.3 Serverless架构不仅仅是实时的

由于 Serverless 架构以**函数即服务**的形式运行,而函数由一组可用的触发器来触发,所以Serverless架构经常被用作实时系统。但是,单纯将 Serverless 架构看作实时系统是一种常见的误解,因为 Serverless 系统除了可用作实时系统之外,也适用于批处理架构。并不是所有的研发团队都需要使用或者拥有实时系统,因此学会将 Serverless 系统用作批处理架构会给研发团队带来更多的可能性。

可以通过如下方式将 Serverless 系统用作批处理架构：

- 触发器的 cron 功能
- 队列

首先来了解一下触发器的 **cron 功能**。我们可以在云平台的 Serverless 系统中设置监控器，将监控器设置为一个普通的 cron 任务，该监控器便会每隔几分钟或者几小时触发一次触发器。这有助于把 Serverless 配置为 cron 批处理任务。在 AWS 环境中，Lambda 可以通过 AWS CloudWatch 作为 cron 触发，为此，可以手动输入时间间隔来设置 cron 任务的频率，也可以在 cron 格式中选择间隔。

Example	Cron expression
Invoke Lambda function every 5 minutes	rate(5 minutes)
Invoke Lambda function every hour	rate(1 hour)
Invoke Lambda function every seven days	rate(7 days)

还可以利用队列来构建 Serverless 批处理架构。让我们设置一个示例数据管道，以此来理解队列的概念。假设我们要构建一个系统来执行以下任务。

(1) 用户或者服务将一些数据发送到数据库或者更简单的数据存储系统中，例如 AWS 的 S3。

(2) 一旦数据存储系统中的文件数量超过 100，就执行一项任务。比如，对文件进行一些分析，例如计算文件的总页数。

该系统可以通过队列来实现。这个例子是一个相对简单的 Serverless 系统。它可以通过以下方式实现。

(1) 用户或者服务将数据上传或者发送到我们选好的数据存储系统中。

(2) 为这个任务配置一个队列。

(3) 为 S3 存储桶或者数据存储系统配置一个事件，这样，只要有数据进来，就向上一步配置的队列中发送消息。

(4) 设置监控系统以监控队列中的消息数量。建议你使用云提供商的监控系统，以便保持系统完全 Serverless 化。

(5) 为监控系统设置告警，并配置告警阈值。例如，一旦队列中的消息数量达到或者超过 100 就触发告警。

(6) 该告警可以扮演 Lambda 函数触发器的角色。Lambda 函数首先接收队列消息，然后使用消息中的文件名来查询数据存储系统，以此对文件进行分析。

(7) 文件由 Lambda 函数分析之后，将被发送到另外一个数据存储系统中存放。

(8) 所有任务完成之后，运行 Lambda 函数的容器或者服务器将自动终止，因此整个传输流程完全 Serverless 化。

1.4 Serverless 的优缺点

至此，我们已经对 Serverless 架构和流程有了大致的了解，知道了如何在现有架构中利用它们，还学会了如何使用微服务来简化架构以及提升开发人员的工作效率。本节将详细列举 Serverless 系统的优缺点，以便软件开发人员和架构师决定何时在现有系统中利用 Serverless 范式。

Serverless 系统的优点如下。

- **降低了运营成本**：部署了 Serverless 系统，服务器就不再需要昼夜不停地运转，因此设备成本得以大幅缩减。当函数被触发时服务器才会启动，而当函数执行完毕时服务器会自动停止，因此用户只需为函数运行的时间段付费。
- **减少了维护工作**：鉴于以上情况，我们不再需要对服务器进行持续不断的监控和维护。由于函数和触发器高度自动化，因此 Serverless 系统几乎不需要维护。
- **提升了开发效率**：由于开发人员不需要操心服务器的维护工作以及宕机情况的发生，因而可以专注于提升软件质量的相关工作，例如扩展和设计功能。

本书后面的章节会展示 Serverless 系统如何改变软件的构建方式。本章旨在帮助架构师判断 Serverless 系统对于他们的架构来说是否是一个好的选择。接下来看看 Serverless 系统的缺点。

Serverless 系统的缺点如下。

- **函数运行有时限**：无论是 AWS Lambda 还是 GCP 云，其函数运行时长的上限都是 5 分钟，这使得计算密集型的任务变得难以运行。为了解决这个问题，可以用 nohup 模式来执行配置工具的脚本。相关内容将在本章后面详细介绍。然而，配置脚本、设置容器以及其他工作也必须在 5 分钟内完成。一旦超过 5 分钟的时限，容器便会自动终止。

- **无法控制容器环境**：开发人员无法控制用来执行函数的容器环境。操作系统、文件系统等均由云供应商一手掌控。比如，执行 AWS Lambda 函数的容器运行着亚马逊的 Linux 操作系统。
- **缺乏对容器的监控**：云提供商通过其内部监控工具为用户提供了基本的监控功能，除此之外，没有为执行 Serverless 函数的容器提供详细监控服务的其他机制。当扩展 Serverless 系统以适应分布式系统时，监控工作将变得更为艰难。
- **无法控制安全性**：由于缺乏对容器环境的监控，所以无法保证数据流的安全性。但是，容器可以在开发人员选择的 VPC 和子网中运行，这有助于解决该问题。

然而，Serverless 系统可以扩展到执行大规模计算的分布式系统中，此时开发人员不必担心时限问题。正如前文提到的那样，后续章节将对此进行详细讨论。但是，为了直观地了解如何在单个整体式系统上选择 Serverless 系统来执行大规模计算，让我们看看在做这种架构决策时需要注意的重要事项。

将 Serverless 系统扩展到分布式系统时的注意事项如下。

- 要想将 Serverless 系统扩展到 Serverless 的分布式系统，需要知道 nohup 的运行方法。它是一个允许程序和进程在后台运行的 POSIX 命令。
- 正确记录 nohup 进程的日志，包括输出日志和错误日志。进程的所有信息都应记录在日志中。
- 需要一个配置工具，例如 Ansible、Chef 或者类似工具，用来创建一个 master-worker 架构，并在执行 Serverless 函数的容器中以 nohup 模式运行它。
- 对于所有由配置工具的 master 服务器执行的任务，需要进行正确的监控并记录其日志，因为一旦所有设置执行完毕，就无法获取其日志了。
- 使用云提供商的临时凭证工具来适当保证安全性。
- 应确保系统正确关闭。所有的 worker 及 master 任务在执行完成之后应当立即自行终止。这一点非常重要，它是保证系统 Serverless 化的关键。
- 通常，大多数环境中临时凭证的有效期为 3600 秒。因此，如果开发人员使用临时凭证执行任务的时间超过凭证的有效期，那么凭证就存在过期的风险。
- 调试分布式 Serverless 系统是一项非常困难的任务，原因如下。

  - 监控和调试 nohup 进程非常困难。其调试方法有两种：一种是参考进程创建的日志文件，另一种是通过进程 ID 将 nohup 进程杀死，然后手动运行脚本进行调试。
  - 由于所有任务在配置工具中按顺序执行，因此任务实例存在被终止的风险，原因是开发人员在调试进程之前可能会忘记杀死 nohup 进程。
  - 因为这是一个分布式系统，所以毫无疑问，该架构在任何失败或者出错的情况都应当能够自我修复。一个示例场景是：一个 worker 任务在对一堆文件执行某种操作时发生了崩溃，导致所有文件都丢失了，而且没有办法恢复。

- 另一个更严重的灾难场景是两个 worker 任务在操作文件时发生崩溃。在这种情况下，开发人员并不知道哪些文件已成功执行，哪些没有。

❑ 确保所有 worker 任务获得相同数量的负载是一种很好的做法，这可以实现分布式系统的负载均衡，同时使得时间和资源得到很好的优化。

1.5 小结

在本章中，我们学习了什么是 Serverless 架构。最重要的是，本章帮助架构师判断 Serverless 能否为其团队或项目所用，以及如何从现有基础设施转换或者迁移到 Serverless 范式。我们还研究了微服务范式及其如何帮助实现轻量级和高度敏捷的架构，并且详细介绍了团队何时应该考虑采用微服务，以及何时可以将其现有的整体式服务迁移到或者分解为微服务。

紧接着，我们学习了在 Serverless 域中构建批处理架构的技术。一种最常见的误解是 Serverless 系统仅用于实时计算，然而，我们也学习了如何利用这些系统进行批处理计算，以及如何使用 Serverless 范式构建应用程序。我们详细分析了 Serverless 的优缺点，以便开发者做出更好的工程决策。

下一章将详细介绍 AWS Lambda 的工作原理，它是 AWS 云环境中 Serverless 工程的核心组件。我们将了解触发器以及 AWS Lambda 函数的运行方式，还将利用容器执行 Serverless 函数以及相关的计算任务。接下来将学习配置和测试 Lambda 函数，以此掌握相关最佳实践。此外还会学习 Lambda 函数的版本控制（它与代码的版本控制类似），然后为 AWS Lambda 创建部署包，以便开发人员可以轻松使用标准库以及第三方库。

第 2 章 在 AWS 中构建 Serverless 应用程序

本章将选用 AWS Lambda 作为工具来介绍 Serverless 应用程序的概念。这将有助于你理解 Serverless 工具相关的概念及组件。本章还将详细介绍 Lambda 的安全性、用户控制和版本控制。你将通过动手实践来理解和学习使用 AWS Lambda。因此，建议你拿出笔记本电脑并创建一个 AWS 账户，然后跟着本章内容一步步动手操作。

本章包含下列主题：

- AWS Lambda 的触发器
- Lambda 函数
- 函数即容器
- 配置函数
- 测试 Lambda 函数
- Lambda 函数的版本控制
- 创建部署包

2.1 AWS Lambda 的触发器

Serverless 函数是一个按需计算的概念。因此，必须有一个事件来触发 Lambda 函数，从而启动整个计算过程。AWS Lambda 有多个可以充当触发器的事件。几乎所有的 AWS 服务都可以充当 AWS Lambda 的触发器。可以使用下列服务来生成事件供 Lambda 响应：

- API 网关
- AWS IoT
- CloudWatch 事件
- CloudWatch 日志
- CodeCommit

- Cognito Sync 触发器
- DynamoDB
- Kinesis
- S3
- SNS

AWS Lambda 的触发器页面如下图所示。

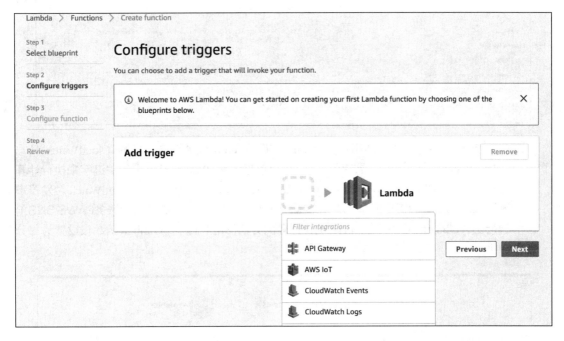

下面来看看一些既重要又常用的触发器，并学习如何在 Serverless 范式中将它们用作 FaaS。

- API 网关：该触发器可用于创建高效且可扩展的 Serverless API。Serverless API 的作用之一是构建 S3 的查询接口。假设我们在 S3 存储桶中存放了一些文本文件。只要用户使用查询参数调用 API（查询参数可以是我们想要在存储桶中的文本文件中搜索的关键字），API 网关的触发器就会启动 Lambda 函数，从而执行查询逻辑和计算任务。可以在创建 API 时指定想让它触发的 Lambda 函数。触发器将在相应的 Lambda 函数的控制台中创建，如下图所示。

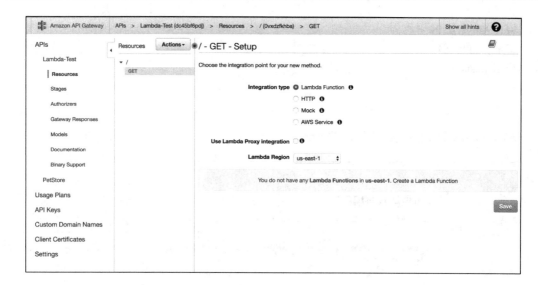

- CloudWatch：它主要帮助用户为 Lambda 设置 cron 任务调度。借助 CloudWatch 日志（CloudWatch Logs）触发器，用户随时可以根据 CloudWatch 日志中的关键字来执行计算任务。但是，CloudWatch 告警（CloudWatch Alarms）无法直接通过 CloudWatch 触发器来触发 Lambda。它们需要通过一个通知系统来发送，例如 AWS 简单通知服务（AWS SNS）。这是在 AWS Lambda 中创建 cron 执行任务的方法。在下图中，Lambda 函数被设置为每分钟执行一次。

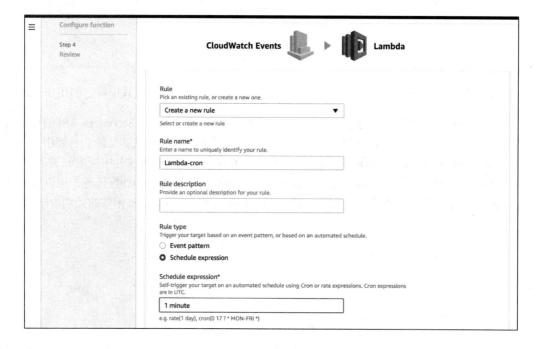

- S3：它是 AWS 的文档存储工具。因此，只要有文件被添加、删除或更改，作为触发器添加的事件就会被发送到 AWS Lambda。当文件被上传之后，如果你想针对该文件执行计算任务，S3 便会帮你如愿。S3 的事件结构如下图所示。

```
{
  "Records":[
    {
      "eventVersion":"2.0",
      "eventSource":"aws:s3",
      "awsRegion":"us-east-1",
      "eventTime":The time, in ISO-8601 format, for example, 1970-01-01T00:00:00.000Z, when S3 fini
      "eventName":"event-type",
      "userIdentity":{
        "principalId":"Amazon-customer-ID-of-the-user-who-caused-the-event"
      },
      "requestParameters":{
        "sourceIPAddress":"ip-address-where-request-came-from"
      },
      "responseElements":{
        "x-amz-request-id":"Amazon S3 generated request ID",
        "x-amz-id-2":"Amazon S3 host that processed the request"
      },
      "s3":{
        "s3SchemaVersion":"1.0",
        "configurationId":"ID found in the bucket notification configuration",
        "bucket":{
          "name":"bucket-name",
          "ownerIdentity":{
            "principalId":"Amazon-customer-ID-of-the-bucket-owner"
          },
          "arn":"bucket-ARN"
        },
        "object":{
          "key":"object-key",
          "size":object-size,
          "eTag":"object eTag",
          "versionId":"object version if bucket is versioning-enabled, otherwise null",
          "sequencer": "a string representation of a hexadecimal value used to determine event se
              only used with PUTs and DELETEs"
        }
      }
    }
  ]
}
```

- AWS SNS：AWS 的 SNS 服务可以帮助用户向其他系统发送通知。该服务还可用于捕获 CloudWatch 告警，以及向 Lambda 函数发送通知以执行计算任务。以下是 SNS 事件的一个示例。

```
Amazon SNS Sample Event

{
  "Records": [
    {
      "EventVersion": "1.0",
      "EventSubscriptionArn": eventsubscriptionarn,
      "EventSource": "aws:sns",
      "Sns": {
        "SignatureVersion": "1",
        "Timestamp": "1970-01-01T00:00:00.000Z",
        "Signature": "EXAMPLE",
        "SigningCertUrl": "EXAMPLE",
        "MessageId": "95df01b4-ee98-5cb9-9903-4c221d41eb5e",
        "Message": "Hello from SNS!",
        "MessageAttributes": {
          "Test": {
            "Type": "String",
            "Value": "TestString"
          },
          "TestBinary": {
            "Type": "Binary",
            "Value": "TestBinary"
          }
        },
        "Type": "Notification",
        "UnsubscribeUrl": "EXAMPLE",
        "TopicArn": topicarn,
        "Subject": "TestInvoke"
      }
    }
  ]
}
```

2.2 Lambda 函数

Lambda 函数是 Serverless 架构的核心。Lambda 函数包含了将被执行的代码。一旦这些函数的触发器被触发，它们便会执行。上一节中已经介绍了一些最常用的 Lambda 触发器。

每当 Lambda 函数被触发，它就会根据用户设置创建一个容器。我们将在下一节中详细了解容器。

容器的调度需要花费一些时间，因为它需要花时间去设置环境和引导（bootstrap）用户在 Advanced settings（高级设置）选项卡中指定的设置选项，而这可能导致 Lambda 函数调用的延迟。因此，为了克服延迟问题，AWS 会把容器解冻一段时间，以便其他 Lambda 调用能够在解冻时间内重用该容器。所以，使用解冻的或者现成的 Lambda 函数有助于克服延迟问题。同时，解冻容器的全局命名空间也可以被新的调用重用。

如果 Lambda 函数的全局变量将在函数内部使用，那最好将这些全局变量转换为局部命名空间，因为全局命名空间变量一旦被重用，将导致 Lambda 函数产生错误的执行结果。

用户需要在 Advanced settings 选项卡中指定 Lambda 函数的技术细节。Advanced settings 选项卡中包括以下内容。

- 内存（MB）：Lambda 函数需被分配的最大内存。容器的 CPU 将会按需分配。
- 超时时间：在容器自动停止之前，函数需要执行的最长时间。
- DLQ 资源：这是 AWS Lambda 的死信设置。用户可以为该配置选项添加 SQS 队列或者 SNS 主题。Lambda 函数在失败时至少会异步地发起五次重试。
- VPC：它使得 Lambda 函数能够访问特定 VPC 中的组件和服务。Lambda 函数在其自己的默认 VPC 中执行。
- KMS 密钥：如果有环境变量与 Lambda 函数一起输入，该选项将默认使用 AWS 密钥管理服务（KMS）来对其加密。

Lambda 函数的 Advanced settings 页面如下所示。

2.3 函数即容器

函数将作为容器或者在容器内运行。为了更好地理解这个概念，我们首先需要正确理解容器的概念。Docker 文档中容器的定义为：

"容器映像是一个轻量级、独立且可执行的软件包，包含了软件运行所需的一切：代码、运行时、系统工具、系统库、设置。"

容器化软件不依赖环境，它在 Linux 和 Windows 系统上都可以运行。

容器将软件与环境（比如，开发环境与部署环境不同）隔离，并减少了各团队在同一环境中运行不同软件的冲突。

因此，容器是一个自给自足的独立环境，好比一艘集装箱货船上的集装箱，它可以托管或者运行在任何宿主操作系统上，而宿主操作系统就相当于集装箱货船。这个比喻如下图所示。

与上述比喻类似，AWS 的各个 Lambda 函数将在特定容器中启动。让我们通过以下内容详细地了解这个概念。

（1）Lambda 函数可以是单个代码文件，也可以是**部署包**。部署包是一个压缩文件，它包含了核心函数的代码文件以及函数将会用到的库。我们将在 2.7 节中详细学习如何创建部署包。

（2）只要某个函数被触发或者启动，AWS 就会使用运行该函数的 AWS Linux 操作系统启动一个 EC2 实例。用户通过 Lambda 函数的 Advanced settings 选项卡来定义该实例的配置信息。

（3）函数执行的最大时限为 300 秒（5 分钟），一旦超过时限，容器就会被销毁。因此，在设计 Lambda 函数和部署包时需要时刻牢记这一点。

2.4　配置函数

在本节中，我们将学习 Lambda 函数的配置方法，并详细了解所有设置。与上一节一样，我们将学习每项配置及其设置，步骤如下。

（1）在 AWS 页面的左上角，通过下拉菜单选择 AWS Lambda 页面，如下图所示。

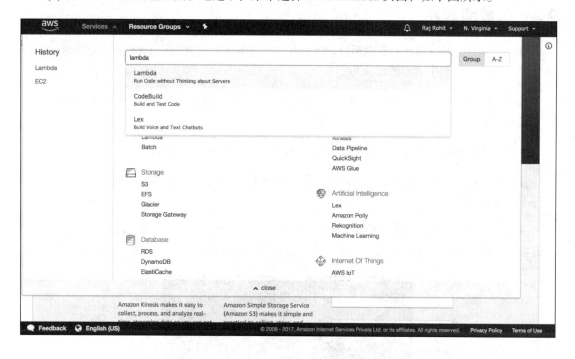

(2) 选择 Lambda 选项后，将跳转到 AWS Lambda 控制台页面，如下图所示。

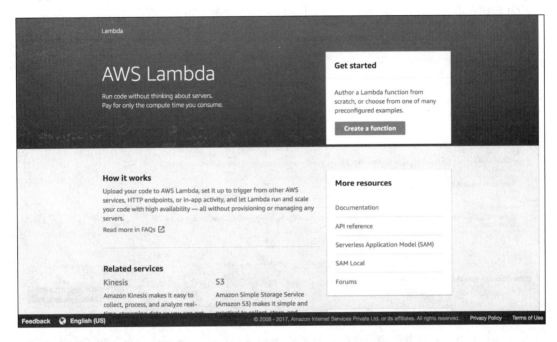

(3) 如果想创建一个函数，只需在页面右侧单击橙色的 Create a function（创建函数）按钮。它将打开创建函数的控制台页面，如下图所示。

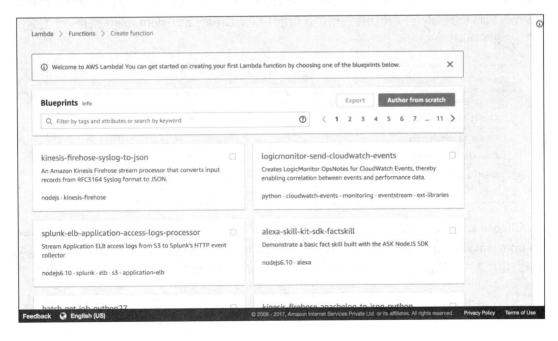

(4) 为了更好地了解配置方法，我们从头开始创建一个函数。为此，单击右上角的 Author from scratch 按钮。单击之后，你将看到 Lambda 的首次运行界面，如下图所示。

(5) 该页面有三种配置供用户选择，分别是 Name（名称）、Role（角色）和 Existing Role（已有角色）。用户可以在 Name 处输入 Lambda 函数的名称。Role 代表你在 AWS 环境中定义权限的方式。Role 的下拉列表包含以下选项：Choose an existing role（选择一个已有角色）、Create new role from template(s)（使用模板创建新角色）以及 Create a custom role（创建一个自定义角色），如下图所示。

Choose an existing role 使得用户可以选择一个具有预先配置权限的已有角色。Create new role from template(s)选项可帮助用户通过预设模板来创建一个角色。Create a custom role 选项可帮助用户从头开始创建一个具有权限的角色。预设角色列表如下所示。

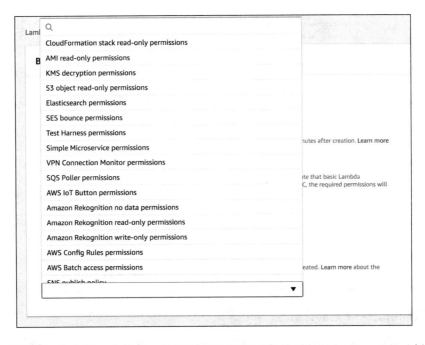

(6) 从预设模板中选择一个模板，然后单击界面右下角的 Create a function（创建函数），Lambda 函数的创建页面将会映入眼帘，如下图所示。

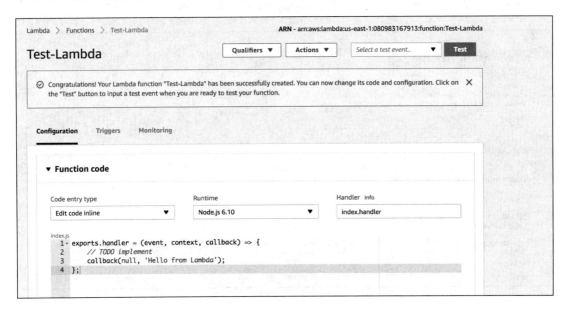

(7) 上图表明我们已经成功创建了一个 AWS Lambda 函数。接下来探索此函数的高级设置。它位于该页面的下部，如下图所示。

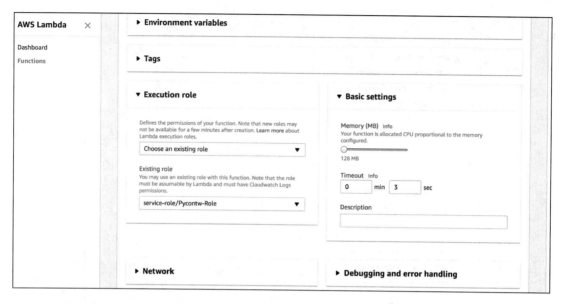

让我们仔细了解一下它的各个部分。

(8) 展开后的 Environment variables（环境变量）部分提供了一对键–值文本输入框，你可以在其中输入函数使用的环境变量。该界面还提供了针对环境变量的加密设置。加密机制通过 AWS KMS（密钥管理服务）实现。展开后的环境变量的设置框如下图所示。

(9) 下一个设置选项是 Tags（标签）。它与其他所有 AWS 服务的标签功能类似，因此，设置标签仅需一个键–值对。标签部分展开之后如下图所示。

（10）紧接着 Tags 的是 Execution role（执行角色）部分，在这里用户可以为 Lambda 函数设置**身份访问管理**（IAM）角色。前面已经讨论了 IAM 角色，所以此处不再赘述。如果用户在创建函数时没有为其设置角色，那么可以在此处进行设置。该部分在 Lambda 控制台界面中如下图所示。

（11）接下来是 Basic settings（基本设置）部分，其中包含了多个设置选项，比如：Lambda 容器的内存、容器超时时间，以及 Lambda 函数的描述。容器的内存范围是 128～1536 MB。用户可以在该范围内任意选择，费用将取决于所选择的内存大小。超时范围是 1～300 秒（即 5 分钟）。超时时间指定了 Lambda 函数及其容器运行多长时间之后停止或终止。下一个设置是 Lambda 函数的 Description（描述）值，它充当了 Lambda 函数的元数据。该部分在控制台界面中如下图所示。

(12)然后是 Network（网络）部分，该部分是 Lambda 函数有关 AWS 的虚拟私有云（VPC）和子网的网络设置。即使选择了 No VPC 选项，AWS Lambda 也会在它自己的安全的 VPC 上运行。但是，如果你的 Lambda 函数访问或者对接的其他服务处在特定的 VPC 或者子网中，那么需要在此部分中添加相应的信息，以便网络允许来自 Lambda 函数容器的流量。此部分在控制台页面中如下图所示。

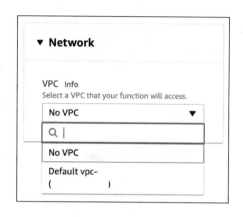

出于安全考虑，我遮住了上述截图中诸如 IP 地址和 VPC ID 等敏感信息。

(13)接下来是 Debugging and error handling（调试与错误处理）部分。该部分为用户提供了一些措施，用以保证 Lambda 函数具备容错和异常处理能力。它包括了死信队列（DLQ）设置。

(14)Lambda 能够自动重新异步调用执行失败的任务。因此，未处理的负载将自动转发给 DLQ 资源。Lambda 控制台界面中的 DLQ 设置如下图所示。

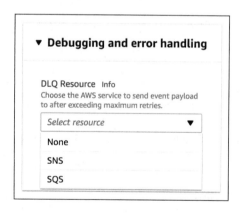

用户还可以为 Lambda 函数启用活动跟踪，从而对 Lambda 容器进行详细的监控。该设置位于 Debugging and error handling 部分，如下图所示。

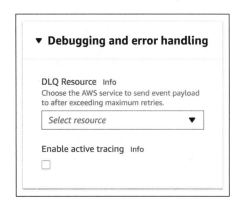

2.5 测试 Lambda 函数

与其他所有的软件系统和编程范式一样,在部署到生产环境之前,对 Lambda 函数和 Serverless 架构进行正确的测试是非常重要的。我们将通过以下步骤来学习 Lambda 函数的测试。

(1) 在 Lambda 控制台界面的顶部菜单栏中,有一个名为 Save and test(保存并测试)的橙色按钮。单击此按钮便会保存 Lambda 函数,然后运行该函数已配置的测试,如下图所示。

(2) 在同一菜单栏中,有一个名为 Select a test event...(选择测试事件)的下拉菜单,其中包含了可用于测试 Lambda 函数的测试事件列表。该下拉列表如下图所示。

(3) 为了进一步为 Lambda 函数配置测试事件,用户需要在下拉列表中选择 Configure test events(配置测试事件)选项。这将弹出一个带有测试事件菜单的窗口,如下图所示。

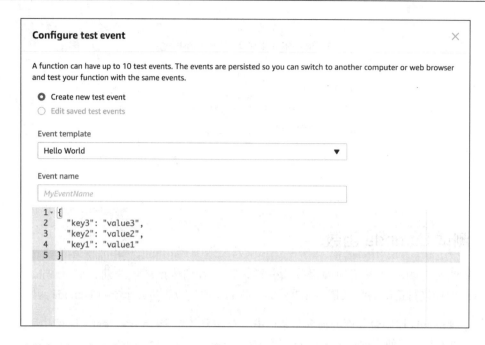

（4）这将打开一个基本的 Hello World 模板，其中有三个预配置的 JSON 格式测试事件或者边缘测试用例。当然，用户还可以根据 Lambda 函数的功能选择其他一些测试事件。在 Event template（事件模板）的下拉菜单中可以看到测试模板清单，如下图所示。

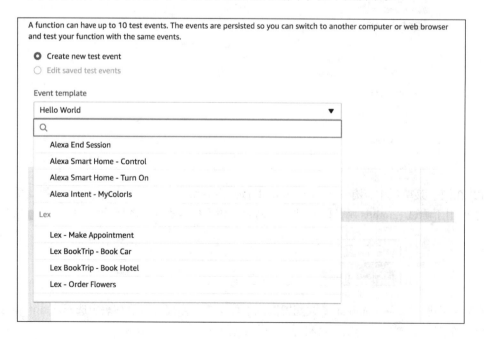

(5) 假设我们构建了一个任务流，一旦有图像文件添加到 S3 存储桶，与其相关的 Lambda 函数就会立即启动，执行图像处理任务并将其放到其他数据存储系统中。S3 Put 通知的测试事件如下图所示。

(6) 选择或者创建测试事件之后，用户可以在事件创建控制台的右下角选择 Create（创建）选项，接着界面会提示用户输入事件名称。输入完成后，界面将跳回到 Lambda 控制台页面。此时，如果在 Lambda 控制台页面中查看 TestEvent（测试事件）的下拉列表，将看到自己保存的测试事件列表，如下图所示。

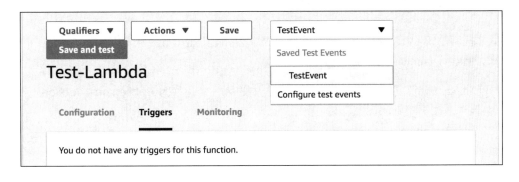

由于我把事件命名为 TestEvent，因此在事件下拉菜单中将会出现与其相同的测试名称。

(7) 此外，如果仔细研究测试事件中的 S3 事件结构，可以发现 Lambda 函数的元细节。事件结构如下图所示。

```
{
    "Records":[
        {
            "eventVersion":"2.0",
            "eventSource":"aws:s3",
            "awsRegion":"us-west-2",
            "eventTime":"1970-01-01T00:00:00.000Z",
            "eventName":"ObjectCreated:Put",
            "userIdentity":{
                "principalId":"AIDAJDPLRKLG7UEXAMPLE"
            },
            "requestParameters":{
                "sourceIPAddress":"127.0.0.1"
            },
            "responseElements":{
                "x-amz-request-id":"C3D13FE58DE4C810",
                "x-amz-id-2":"FMyUVURIY8/IgAtTv8xRjskZQpcIZ9KG4V5Wp6S7S/JRWeUWerMUE5JgHvANOjpD"
            },
            "s3":{
                "s3SchemaVersion":"1.0",
                "configurationId":"testConfigRule",
                "bucket":{
                    "name":"sourcebucket",
                    "ownerIdentity":{
                        "principalId":"A3NL1KOZZKExample"
                    },
                    "arn":"arn:aws:s3:::sourcebucket"
                },
                "object":{
                    "key":"HappyFace.jpg",
                    "size":1024,
                    "eTag":"d41d8cd98f00b204e9800998ecf8427e",
                    "versionId":"096fKKXTRTtl3on89fVO.nfljtsv6qko"
                }
            }
        }
    ]
}
```

2.6 Lambda 函数的版本控制

版本控制系统（VCS）用于控制和管理代码版本。此功能可直接从 Lambda 控制台主页获得。接下来开始学习 Lambda 函数的版本控制。

(1) Lambda 控制台页面的 Actions 下拉列表中的第一个选项为 Publish new version（发布新版本）。该选项如下图所示。

2.6　Lambda 函数的版本控制　　25

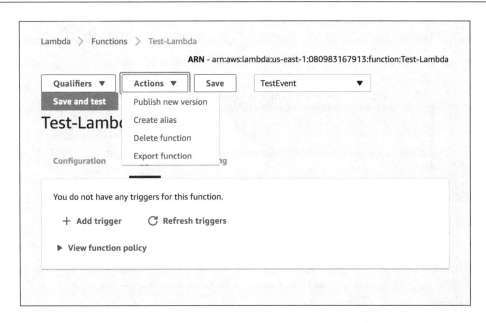

　　(2) 选择 Publish new version 选项之后，Lambda 控制台界面将弹出版本控制窗口，它将提示你输入新版 Lambda 函数的名称。该弹出窗口如下图所示。

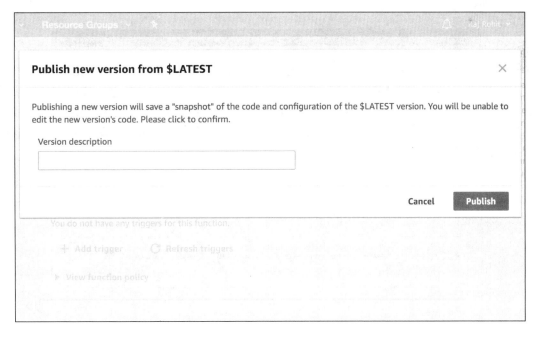

　　(3) 单击 Publish（发布）按钮后，将会跳转到 Lambda 控制台主页。成功创建的 Lambda 版本在控制台界面中如下图所示。

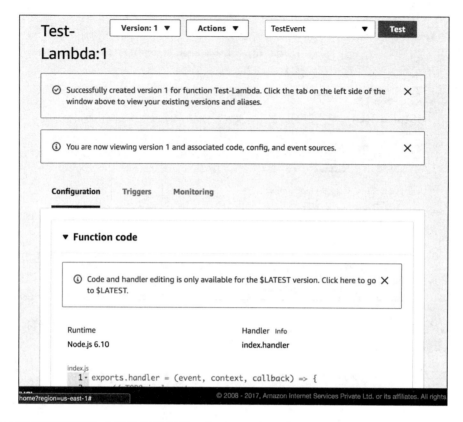

(4) 页面的下半部分会显示提示信息:Code and handler editing is only available for the $LATEST version (对代码和处理程序的编辑仅适用于最新版本)。这意味着用户只能编辑 $LATEST(最新)版本的代码。除最新版以外的 Lambda 函数是只读的,无法编辑和操作。如果出现问题,或者用户想要恢复或引用以前的版本,可以用该版本覆盖$LATEST 版本以实现编辑。提示消息如下图所示。

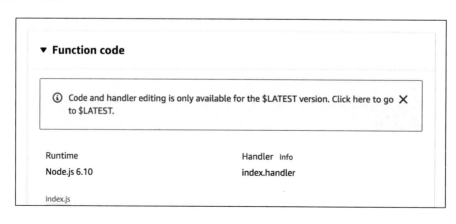

(5) 单击 Click here to go to $LATEST（单击此处跳转到最新版本）链接后，用户将跳转到函数的$LATEST 版本，对该版本进行编辑和操作。Lambda $LATEST 版本的控制台界面如下图所示。

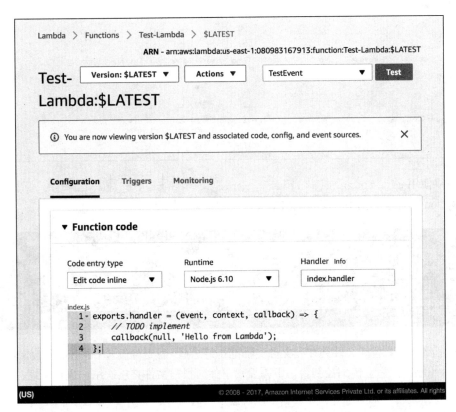

2.7 创建部署包

使用了外部库的 Lambda 函数可以打包为部署包，并上传到 AWS Lambda 控制台。这与在 Python 中创建虚拟环境非常相似。在本节中，我们将学习如何创建 Python 部署包以便在 Lambda 函数中使用。下面详细了解创建部署包的过程，步骤如下。

(1) 部署包通常采用 ZIP 格式。ZIP 包的内容与其他编程语言中的普通库几乎一样。

(2) 库文件夹和函数文件需要位于部署包中的同一级目录，如下图所示。

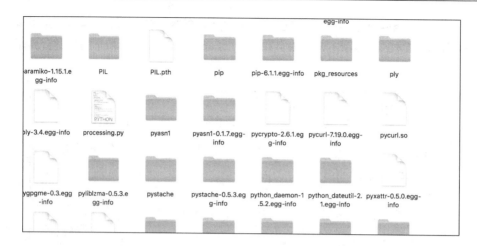

（3）可以使用 `pip install <library_name> -t <path_of_the_target_folder>` 命令安装 Python 库。程序包将被安装到目标文件夹中，如下图所示。

（4）当把整个部署包的文件夹和库文件夹都准备好之后，需要对包含 Lambda 函数文件的所有文件夹进行压缩，然后上传到控制台。下图显示了如何根据文件夹层次结构进行压缩。

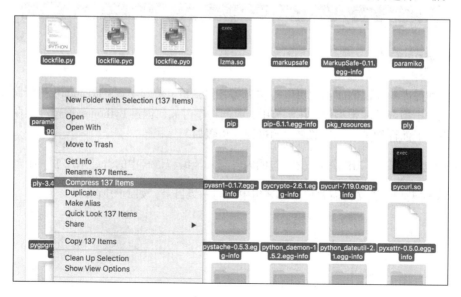

（5）此时，压缩包已准备就绪，需要把压缩包上传到 Lambda 控制台进行处理。要上传 Lambda 包，需要在控制台中选择 Code entry type（代码入口类型）选项的下拉列表，如下图所示。

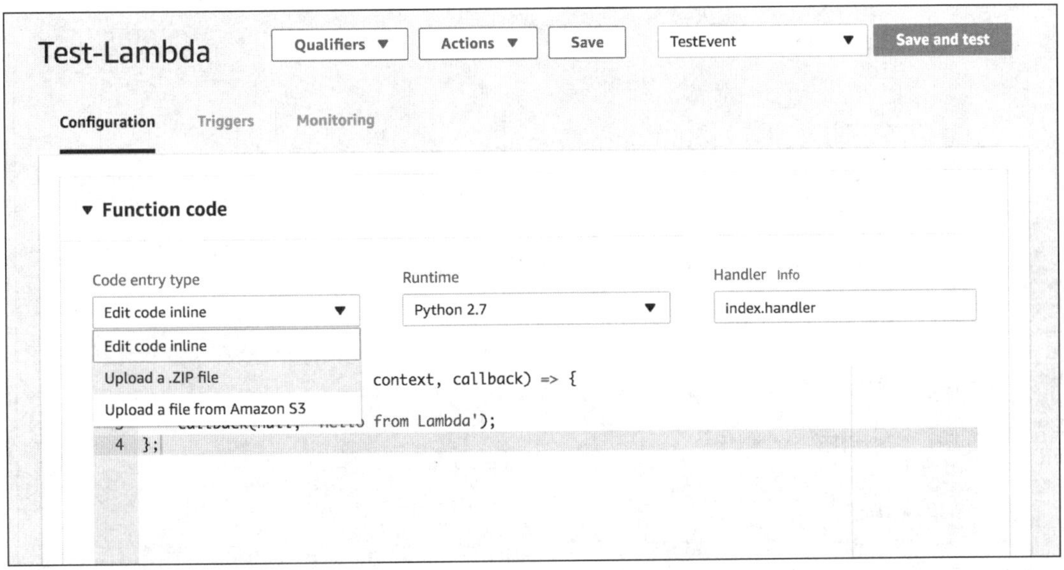

（6）选择 Upload a .ZIP file（上传.ZIP 文件）选项后，将会出现一个上传器。用户可以直接通过上传器来上传部署包，也可以通过 S3 存储桶上传部署包。该向导在 Lambda 控制台中如下图所示。

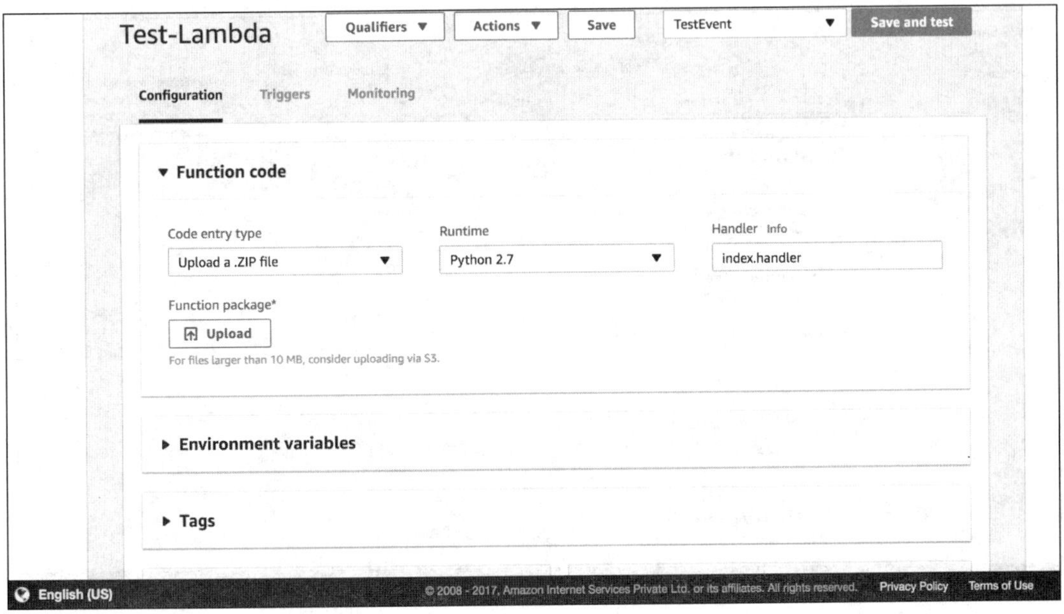

（7）如前所述，用户也可以通过 S3 文件定位上传部署包。此向导在 Lambda 控制台中如下图所示。

（8）部署包的名称取决于设置中处理程序部分输入的值。部署包的名称和 Lambda 函数文件的名称使用点号（.）分隔，且部署包名称在前，Lambda 函数文件名称在后，如下图所示。

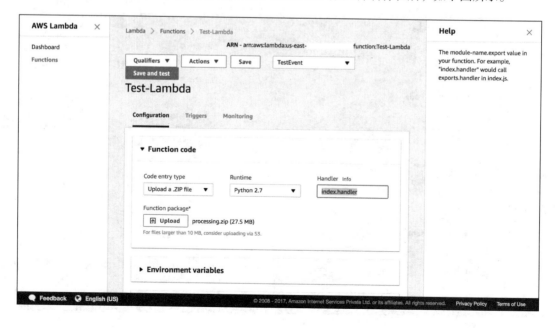

在上图中，index 是部署包中 Lambda 函数文件的名称。而 handler 是核心处理函数的文件名称，此处的核心处理函数也就是 Lambda 函数。正如 AWS 的文档所述：

"函数以 module-name 的格式导出值。例如，index.handler 将调用 index.py 中的 exports.handler。"

2.8 小结

在本章中，我们学习了 AWS Lambda 的触发器的工作原理，以及如何根据问题陈述和时间间隔（前提是有 cron 任务触发器）选择触发器；知道了什么是 Lambda 函数及其与内存、VPC、安全性和容错性相关的功能和设置；学习了专门针对 AWS Lambda 的容器重用方式；探讨了事件驱动函数及其实现方式，还学习了容器的概念及其在软件工程领域的用途和应用。最重要的是，基于对容器概念的理解，我们可以选择容器来运行 Lambda 函数。

之后，本章讨论了 AWS Lambda 仪表盘上的所有配置设置。要想从头构建和运行 Lambda 函数并且避免产生设置问题，有必要深入了解这些配置。我们还了解了 Lambda 的安全性设置，学习了如何为 Lambda 函数配置 VPC 和安全密钥，然后根据所选的触发器测试 Lambda 函数。我们介绍了各种 AWS 服务的响应，它们是 Lambda 函数的输入。之后还学习了如何编写自定义手工测试。

紧接着，我们学习了 AWS Lambda 函数的版本控制方法；了解了历史版本和当前版本的差异，还了解到当前版本是不可改变的（与历史版本不同），以及如何轻松恢复到历史版本；研究了如何为依赖 Python 标准库以外的第三方库的函数创建部署包；介绍了函数代码的命名方法，包括文件名和方法处理程序的名称；学习了把部署包上传到 Lambda 控制台的两种方式：手动上传和 S3 文件定位。

在下一章中，我们将详细了解 Lambda 控制台的各个触发器，并学习如何使用它们，以及如何用 Python 代码实现它们。我们还将了解不同 AWS 服务的事件结构和响应，并用它来构建 Lambda 函数。此外还会学习如何将各个触发器集成到 Lambda 函数中并在 Python 中执行特定的任务。最后将学习使用 Serverless 范式将现有的基础架构移到 Serverless 的思路和最佳实践。

第 3 章 设置 Serverless 架构

到目前为止，我们已经学习了 Serverless 范式以及 Serverless 系统的工作原理，掌握了 AWS Lambda 的 Serverless 工具和触发器的工作原理，详细了解了 Lambda 环境中用户可用的系统设置和配置。我们还了解了 Lambda 控制台的工作原理，学会了 Lambda 控制台各个部分的使用方法，包括代码部署、触发操作、在控制台中部署测试、对 Lambda 函数进行版本控制，以及其他设置。

阅读完本章之后，你将对 AWS Lambda 中所有重要的触发器有深刻的认识，还能够利用它们设置高效的 Lambda 架构。此外，你还将了解什么是事件结构，以及一些 AWS 资源的事件结构，并且能够使用这些知识编写并部署更好的基于触发器的 Lambda 架构。

本章包括以下内容：

- S3 触发器
- SNS 触发器
- SQS 触发器
- CloudWatch 事件和日志触发器

3.1 S3 触发器

S3 是 AWS 的对象存储服务，用户可以在其中存储和检索任何类型的对象。本节将学习 S3 触发器的工作原理以及 S3 事件的事件结构，并使用它们构建 Lambda 函数。

我们将构建一个具有下列功能的 Lambda 函数。

(1) 从 S3 服务接收 PUT 请求事件。

(2) 打印文件名以及其他主要细节。

(3) 将该文件传输到其他存储桶。

接下来开始学习如何高效地使用 S3 触发器。我们将一步一步完成该任务，步骤如下。

（1）首先需要创建两个 S3 存储桶，其中一个用来存放用户上传的文件，另一个用来存放由 Lambda 函数传输和上传的文件。

（2）在创建存储桶之前，S3 控制台界面如下图所示。在 AWS 控制台左上角的 Services（服务）下拉菜单中选择 S3 服务，即可打开该页面。

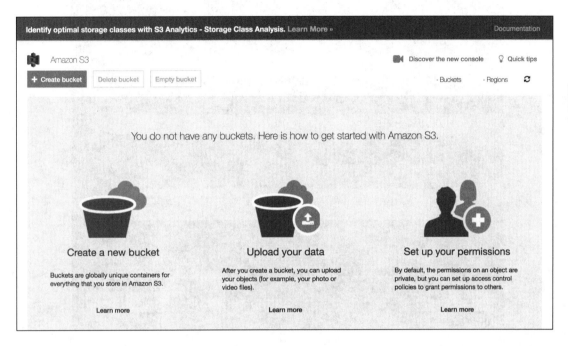

（3）创建两个存储桶，分别命名为 receiver-bucket 和 sender-bucket。

（4）其中 sender-bucket 存储桶用来存放用户上传的文件，而 receiver-bucket 存储桶用来存放 Lambda 函数上传的文件。因此，根据我们的问题陈述，每当我们将文件上传到 sender-bucket 存储桶时，Lambda 函数就会被触发，并把文件上传到 receiver-bucket 存储桶中。

（5）单击 S3 控制台中的 Create bucket（创建存储桶）按钮，就会看到一个如下图所示的对话框。

34 | 第 3 章　设置 Serverless 架构

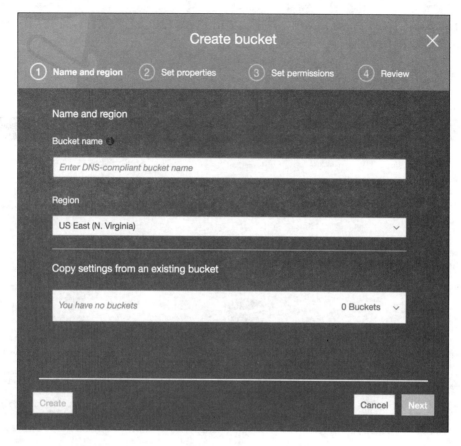

(6) 在上面的对话框中，需要输入以下设置。

- Bucket name（存储桶名称）：顾名思义，我们需要为创建的存储桶输入名称。将第一个存储桶命名为 sender-bucket，将第二个存储桶命名为 receiver-bucket。
- Region（区域）：这是我们希望存储桶驻留的 AWS 区域。你可以使用默认区域，也可以使用离你最近的区域。
- Copy settings from an existing bucket（从已有存储桶复制设置）：这用来指定新创建的存储桶是否使用与已有存储桶相同的设置。由于目前控制台中没有已有的存储桶，所以我们可以将其保留为空来跳过此设置。接下来，单击弹出窗口右下角的 Next（下一步）按钮。

(7) 单击 Next 之后，弹出窗口将显示其第二个选项卡，即 Set properties（设置属性）菜单，如下图所示。

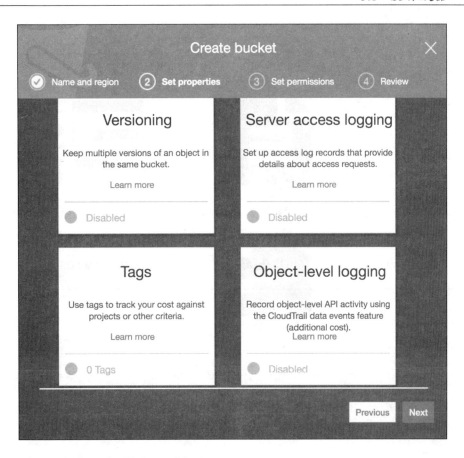

(8) 在该选项卡中，需要指定以下设置。

- **Versioning（版本控制）**：该设置项用来帮助我们在 S3 存储桶中保存多个版本的文件。它为 S3 存储桶提供了类似于 Git 的版本控制功能。请注意，存储成本取决于进行版本控制的文档数量。
- **Server access logging（服务器访问日志）**：用来记录 S3 存储桶的所有访问请求，帮助我们调试安全漏洞并保证 S3 存储桶和文件的安全性。
- **Tags（标签）**：它使用 Name: Style 的样式来标记存储桶，与前面学习的 Lambda 函数的标签类似。
- **Object-level logging（对象级别日志记录）**：使用 AWS 的 CloudTrail 服务记录 S3 存储桶的所有访问请求以及其他详细信息和活动。当然，使用 CloudTrail 需要付费。因此，仅当你需要记录详细信息时，才使用此功能。这里暂不讲解它的使用方法。

(9) 创建存储桶之后，S3 控制台将会列出所有创建成功的存储桶，如下图所示。

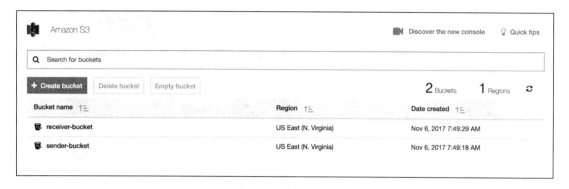

(10)我们已经为任务成功创建了 S3 存储桶。接下来需要创建一个 Lambda 函数,它可以识别出有对象被上传到 sender-bucket 中,然后将该文件发送到 receiver-bucket 存储桶中。

(11)在创建 Lambda 函数时,在可用选项列表中选择 s3-get-object-python 蓝本。

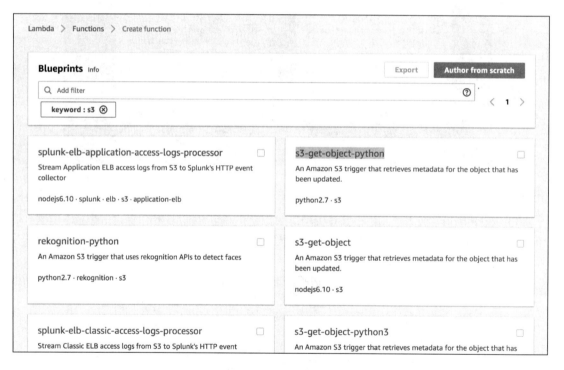

(12)配置存储桶的详细信息。在 Bucket 部分选择 sender-bucket 存储桶,并在 Event type(事件类型)中选择 Object Created (ALL)(创建的对象(所有))选项。这是因为当在 sender-bucket 存储桶中创建了对象时,我们希望立即向 Lambda 发送一个通知。这部分完成之后的状态如下图所示。

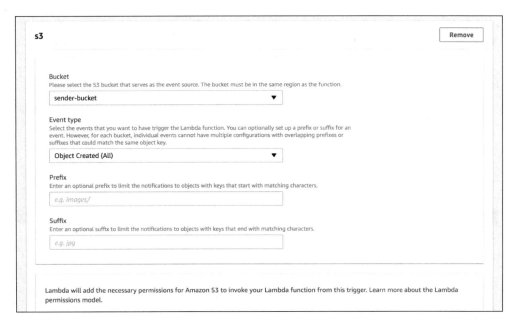

(13) 启用触发器之后，Lambda 会为该任务创建样板代码。我们需要编写代码以将对象放入 receiver-bucket 存储桶。Lambda function code（Lambda 函数代码）部分会显示样板代码。

第 3 章　设置 Serverless 架构

（14）完成此步骤之后，单击 Create function（创建函数）按钮，就会在 Lambda 控制台界面中看到 Triggers（触发器）部分，它会在页面顶部显示一段绿色的消息来提示成功。

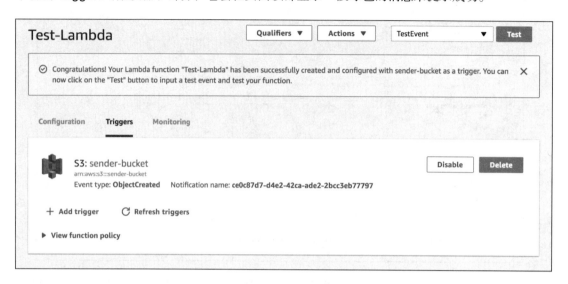

（15）我已将一个图像文件上传到 sender-bucket 存储桶中。所以，现在 sender-bucket 存储桶的内容如下图所示。

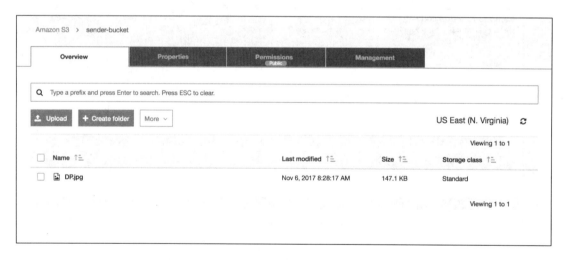

（16）一旦上传了该文件，Lambda 函数就会被触发。该 Lambda 函数的代码如下所示。

```
from __future__ import print_function

import json
import urllib
import boto3
```

```python
from botocore.client import Config

print('Loading function')
sts_client = boto3.client('sts', use_ssl=True)

# 定义一个临时凭证
assumedRoleObject = sts_client.assume_role(
RoleArn="arn:aws:iam::080983167913:role/service-role/Pycontw-Role",
RoleSessionName="AssumeRoleSession1"
)
credentials = assumedRoleObject['Credentials']
region = 'us-east-1'

def lambda_handler(event, context):
    #print("Received event: " + json.dumps(event, indent=2))

    # 获取事件对象并显示其内容类型
    bucket = event['Records'][0]['s3']['bucket']['name']
    key = urllib.unquote_plus(event['Records'][0]['s3']['object']['key'].encode('utf8'))
    try:
        # 创建一个会话
        session = boto3.Session(credentials['AccessKeyId'], credentials['SecretAccessKey'] ,
aws_session_token=credentials['SessionToken'],
region_name=region)

        # 定义一个 S3 资源
        s3 = session.resource('s3', config=Config(signature_version='s3v4'), use_ssl=True)

        # 定义一个 S3 客户端
        client = session.client('s3', config=Config(signature_version='s3v4'), use_ssl=True)

        # 获取存储桶的对象列表
        response = client.list_objects(Bucket=bucket)
        destination_bucket = 'receiver-bucket'
        source_bucket = 'sender-bucket'

        # 把 S3 存储桶中的所有文件名添加到一个数组中
        keys = []
        if 'Contents' in response:
            for item in response['Contents']:
                keys.append(item['Key']);
        # 把存储桶中的所有文件添加到接收存储桶中
        for key in keys:
            path = source_bucket + '/' + key
            print(key)
            s3.Object(destination_bucket, key).copy_from(CopySource=path)

    Exception as e:
```

```
        print(e)
print('Error getting object {} from bucket {}. Make sure they
exist and your bucket is in the same region as this
function.'.format(key, bucket))
raise e
```

(17) 现在运行 Lambda 函数，就可以在 receiver-bucket 存储桶中看到该文件了。

3.2 SNS 触发器

SNS 通知服务可用于多个用例，Lambda 函数触发器就是其中之一。SNS 触发器通常用作 AWS CloudWatch 服务和 Lambda 之间的接口。

在本节中，我们将进行以下操作。

(1) 创建一个 SNS 主题。

(2) 为我们的 receiver-bucket 存储桶创建一个 CloudWatch 告警，以监控存储桶中的对象数量。

(3) 一旦对象数量达到 5，告警将被设置为 ALERT，相应的通知也将被发送到刚刚创建的 SNS 主题上。

(4) 然后，该 SNS 主题将触发 Lambda 函数，该函数将打印 Hello World 消息。

这能帮助我们了解如何监控不同的 AWS 服务，并为其设置告警阈值。一旦指标超过阈值，Lambda 函数将被触发。

具体流程如下所示。

(1) 可以在 SNS 仪表盘中创建 SNS 主题。单击 Create topic（创建主题）选项之后，界面将跳转到 SNS 的主题创建仪表盘。AWS 的 SNS 仪表盘如下图所示。

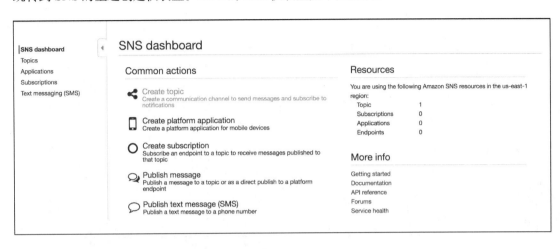

接下来会显示 SNS 主题创建向导，如下图所示。

在该创建向导中，你可以为创建的 SNS 主题命名。如果愿意的话，你还可以为其添加元信息。

(2) 创建主题之后，可以在 SNS 仪表盘左侧的 Topics（主题）菜单中查看它。按钮如下图所示。

单击 Topics 选项卡后，将显示主题列表，如下图所示。

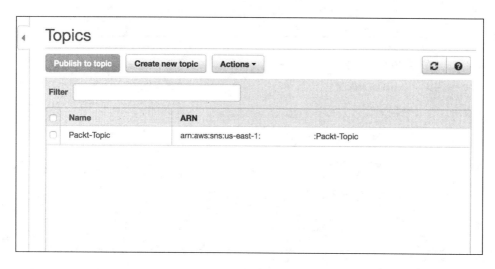

（3）现在已经成功创建了一个 SNS 主题，接下来创建一个 CloudWatch 告警，用来监控 S3 存储桶中的文件。AWS CloudWatch 仪表盘如下图所示。

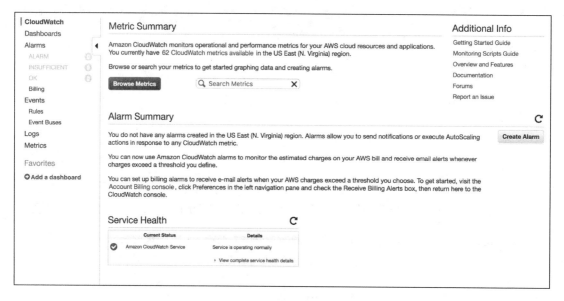

（4）单击仪表盘左侧的 Alarms（告警）按钮打开告警页面。AWS 告警页面如下图所示。

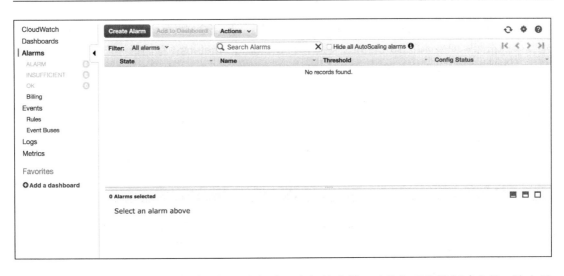

(5) 单击 Create Alarm（创建告警）来创建一个新的告警。这将打开告警创建向导，该向导具有多个选项。该向导如下图所示，具体取决于你在 AWS 生态系统中运行的服务。

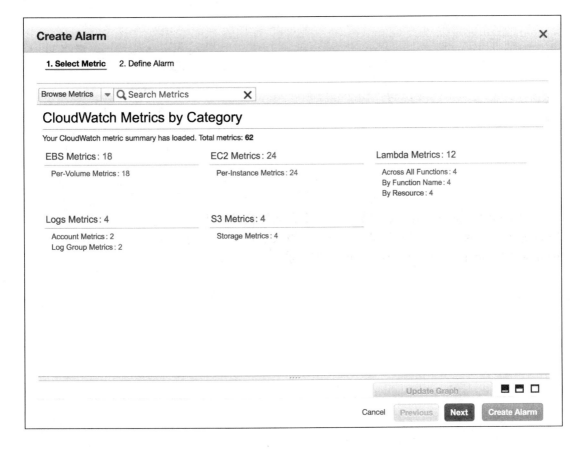

(6）由于我们打算为 S3 存储桶创建告警，因此需要转到 S3 Metrics（S3 指标）选项卡，并忽略其余的指标。如果你在 S3 Metrics 类别中单击 Storage Metrics（存储指标）选项，将会打开另一个告警创建向导（如下图所示），具体显示内容取决于你在 S3 中拥有的存储桶数量。

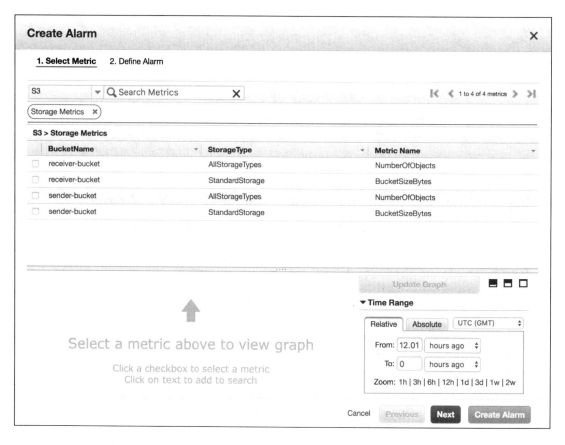

(7）Metric Name（指标名称）列为每个存储桶提供了两个选项：NumberOfObjects 和 BucketSizeBytes。通过字面意思即可推断其含义，我们只需为 receiver-bucket 存储桶选择 NumberOfObjects 选项。然后单击 Next（下一步）按钮。

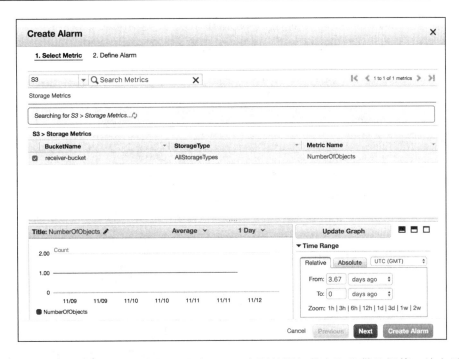

这将会打开告警定义向导，你需要指定 SNS 主题的详细信息和告警的阈值。该向导如下图所示。

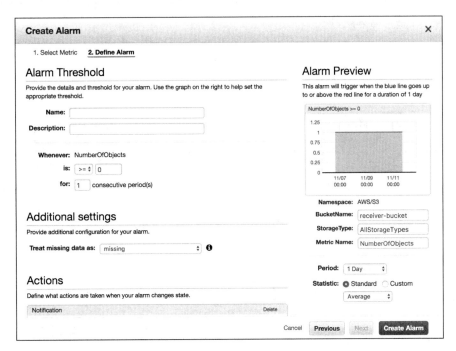

(8) 为告警添加阈值和名称等详细信息。我将阈值设为 5，这意味着当相应存储桶（本例中为 receiver-bucket）中的文件数量达到 5 时，便会触发告警。该向导如下图所示。

(9) 在 Actions 选项中，可以配置告警，从而向我们创建的 SNS 主题发送通知。你可以从下拉列表中选择主题，如下图所示。

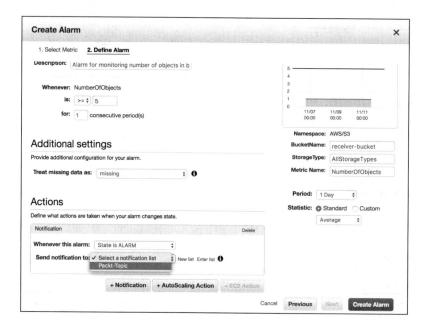

(10) 配置了 SNS 主题之后，在页面底部单击蓝色的 **Create Alarm** 按钮。这将创建一个告警，该告警会通过一个通知任务流与 SNS 主题联系起来。创建好的告警在仪表盘中的显示效果如下图所示。

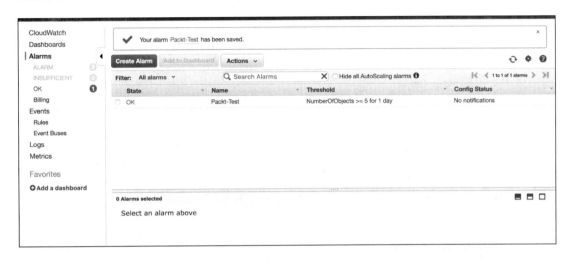

(11) 现在，继续为该任务构建 Lambda 函数。在创建 Lambda 函数时请使用 **sns-message-python** 蓝本。

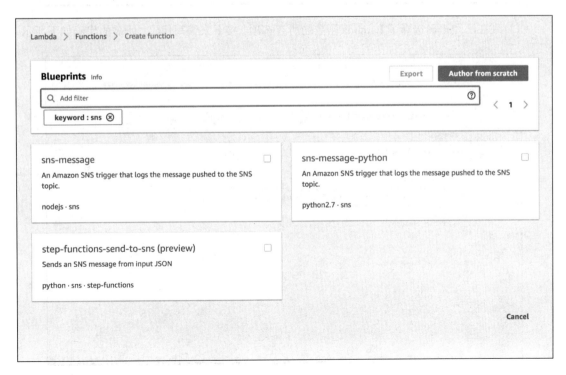

(12) 在上一步中，当选择了蓝本之后，系统会提示你输入一些关于 Lambda 函数的元信息，就像之前创建 Lambda 函数时一样。该向导还会提示你为 SNS 主题命名，如下图所示。

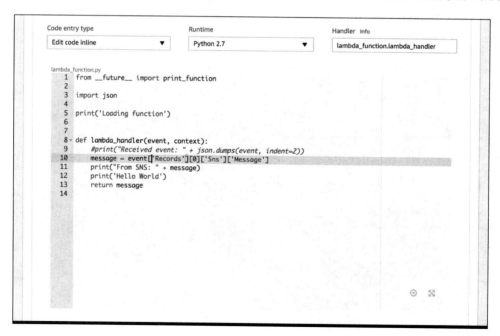

(13) 现在已经正确选择了 Lambda 函数的所有选项，接下来编写代码。所需的代码如下所示。

当 Lambda 函数被触发时，以上代码便会打印 Hello World 消息。至此，我们就完成了该任务的所有设置。

(14) 如果想要测试前面的设置，只需向 receiver-bucket 存储桶中上传 5 个以上的文件，然后查看 Lambda 函数的执行情况。

3.3 SQS 触发器

AWS 简单队列服务（SQS）是 AWS 队列服务。该服务与软件工程中常用的队列机制很类似。可以对队列中的消息进行添加、存储和删除操作。

本节将学习如何根据 SQS 队列中的消息数量触发 Lambda 函数。我们将自己动手构建一个 Serverless 批处理数据架构，以便了解其构建方式。

我们会使用 CloudWatch 告警来监控 SQS 队列，并通过 SNS 主题向 Lambda 发送信息，就像在上一个任务中所做的那样。

在本节中，我们将执行以下操作。

(1) 创建一个 SQS 队列。

(2) 创建一个 SNS 主题。

(3) 为 SQS 队列创建 CloudWatch 告警，以监控队列中的消息数量。

(4) 一旦消息数量达到 5，告警将被设置为 ALERT，相应的通知也将被发送到刚刚创建的 SNS 主题上。

(5) 然后，该 SNS 主题将触发 Lambda 函数，该函数将打印 Hello World 消息。

这将帮助我们了解如何监控队列，以及构建高效的 Serverless 批处理数据架构，而不是实时架构。

具体操作流程如下。

(1) 首先创建一个 AWS SQS 队列。使用 AWS 账号进入 SQS 仪表盘界面，如下图所示。

(2) 单击 Get Started Now（立即开始）按钮创建一个 SQS 队列。这将打开队列创建向导，你需要输入名称、队列类型等详细信息。队列创建向导如下图所示。

(3) 可以在 Queue Name（队列名称）中输入队列的名称。在 What type of queue do you need?（你需要什么类型的队列？）选项中选择 Standard Queue（标准队列）选项。然后在底部的选项中选择蓝色的 Quick-Create Queue（快速创建队列）选项。

- Allocate tasks to multiple worker nodes: process a high number of credit card validation requests.
- Batch messages for future processing: schedule multiple entries to be added to a database.
- Display the correct product price by sending price modifications in the right order.
- Prevent a student from enrolling in a course before registering for an account.

For more information, see the Amazon SQS FAQs and the *Amazon SQS Developer Guide*.
To create a new queue, choose Quick-Create Queue. To configure your queue's parameters, choose Configure Queue.

Cancel　Configure Queue　**Quick-Create Queue**

（4）Configure Queue（配置队列）选项用于高级设置。本例中并不需要配置高级设置，其界面如下图所示。

Queue Attributes

Default Visibility Timeout	30	seconds	Value must be between 0 seconds and 12 hours.
Message Retention Period	4	days	Value must be between 1 minute and 14 days.
Maximum Message Size	256	KB	Value must be between 1 and 256 KB.
Delivery Delay	0	seconds	Value must be between 0 seconds and 15 minutes.
Receive Message Wait Time	0	seconds	Value must be between 0 and 20 seconds.

Dead Letter Queue Settings

Use Redrive Policy	☐	
Dead Letter Queue		Value must be an existing queue name.
Maximum Receives		Value must be between 1 and 1000.

Server-Side Encryption (SSE) Settings

Use SSE	☐
AWS KMS Customer Master Key (CMK)	
Data Key Reuse Period		This value must be between 1 minute and 24 hours.

（5）创建队列后，将进入 SQS 页面。与 SNS 页面类似，它会显示你所创建的所有队列，如下图所示。

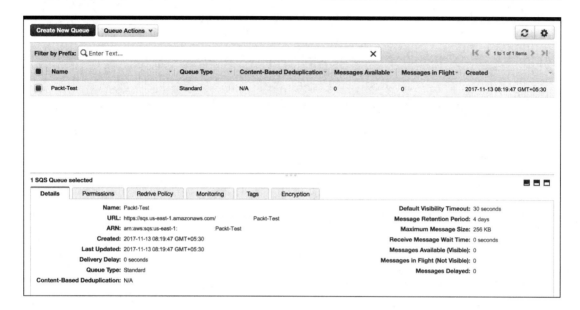

(6)由于我们已经在上一个任务中创建了一个 SNS 主题,因此继续沿用它。如果你尚未创建 SNS 主题,可以参考上一个任务来创建一个。SNS 主题列表如下图所示。

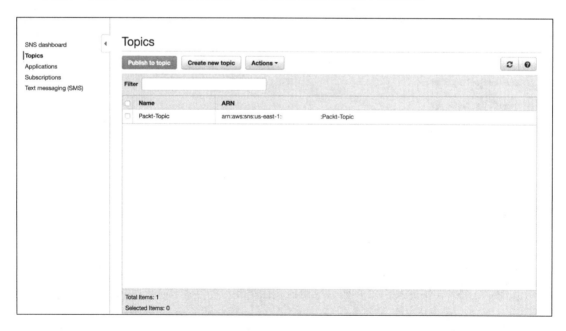

(7)现在转到 CloudWatch 仪表盘界面创建一个告警,用以监控 SQS 队列,并通过我们创建的 SNS 主题向 Lambda 发送通知。在告警创建向导中可以看到 SQS 队列指标。

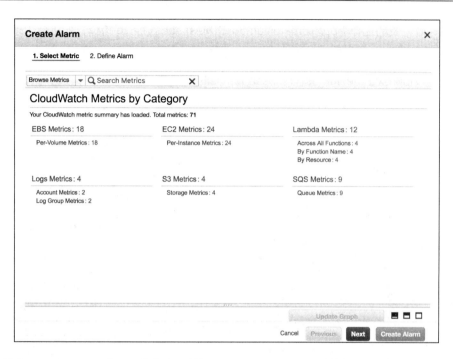

（8）单击 SQS Metrics（SQS 指标）下的 Queue Metrics（队列指标）选项，新的页面中将列出所有队列指标，我们需要为我们的告警从中选择一个。

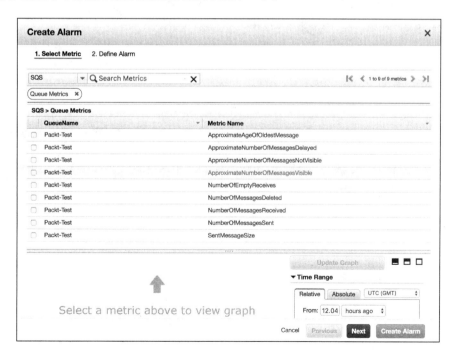

(9) 在此处，我们选择 ApproximateNumberOfMessagesVisible 指标，该指标用来显示队列中的消息数量。它是一个近似数，因为 SQS 是一个分布式队列，其消息数量只能随机确定。

(10) 选择 ApproximateNumberOfMessagesVisible 指标并进入下一个页面。与之前任务中的 S3 Metrics 类似，该页面提供了必要的配置选项，如下图所示。

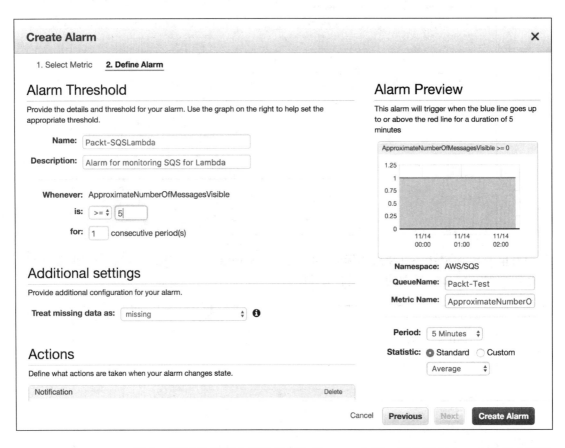

(11) 在 Actions 部分，配置我们要向其发送通知的 SNS 主题。该步骤与上一个任务中配置 SNS 主题的方式类似。

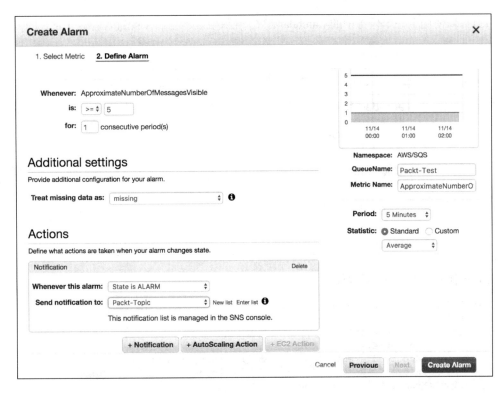

（12）为告警配置好元数据和设置项之后，单击屏幕右下角的蓝色 **Create Alarm**（创建告警）按钮。这将成功创建一个告警，它会监控你的 SQS 队列，并且会向你配置的 SNS 主题发送通知。

(13) 可以使用上一个任务中的 Lambda 函数。确保触发器是用来配置告警通知系统的 SNS 主题。

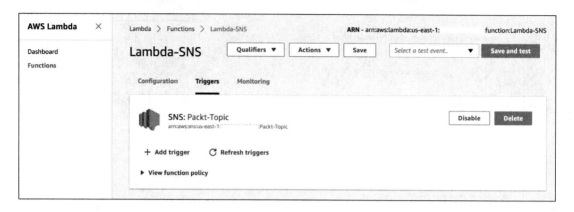

(14) 该任务的 Lambda 函数代码如下。

```
from __future__ import print_function
import json
print('Loading function')
def lambda_handler(event, context):
    #print("Received event: " + json.dumps(event, indent=2))
    message = event['Records'][0]['Sns']['Message']
    print("From SNS: " + message)
    print('Hello World')
    return message
```

3.4 CloudWatch 触发器

CloudWatch 是 AWS 的日志记录和监控服务，它能够存储和监控大多数服务的日志。在本节中，我们将了解 CloudWatch 触发器的工作原理，通过实例了解 CloudWatch 的查询功能，并在 Lambda 函数中配置 CloudWatch。此外还将学习如何利用这些知识来构建 Lambda 函数。

在本节中，我们将执行以下操作。

(1) 创建一个 CloudWatch 日志。

(2) 简要了解 CloudWatch 日志的工作原理。

(3) 创建一个将被 CloudWatch 触发器触发的 Lambda 函数。

这将帮助我们了解和构建稳定且具有弹性的 Serverless 架构。

具体流程如下。

(1) 首先创建一个 CloudWatch 日志组。单击 CloudWatch 控制台左侧的 Logs 选项。

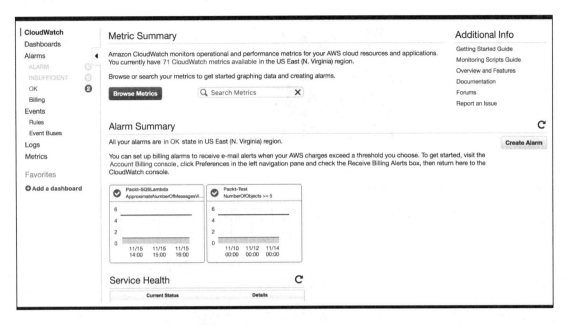

(2) 进入 AWS CloudWatch Logs 页面后，你将看到一个已有的日志列表。CloudWatch Logs 页面如下图所示。

(3) 创建一个新的 CloudWatch 日志。在 Actions 下拉菜单的顶部，你将看到创建新日志组的选项。

58 | 第 3 章 设置 Serverless 架构

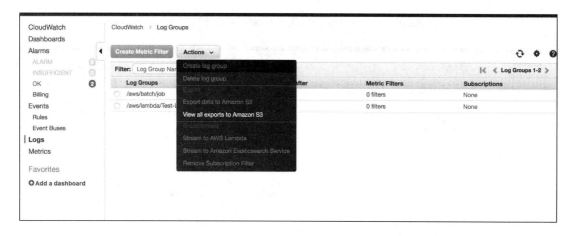

(4) 接下来系统将提示你输入要创建的日志组名称。继续输入相关信息，然后单击 Create log group（创建日志组）。

(5) 现在可以在 CloudWatch 控制台的日志组列表中看到刚刚创建的日志组。

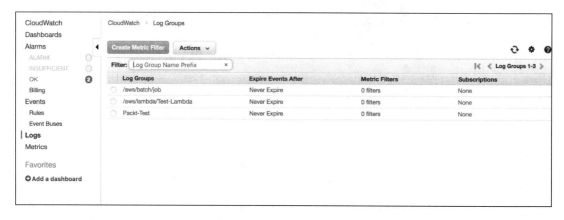

(6) 创建日志组之后，便可以把视线转向 Lambda 函数了。让我们转到 Lambda 控制台并创建一个新的函数。

(7) 选择 cloudwatch-logs-process-data 蓝本。其描述信息为：A real-time consumer of log events ingested by an Amazon CloudWatch Logs log group（亚马逊 CloudWatch Logs 日志组提

供的实时消费者日志事件），如下图所示。

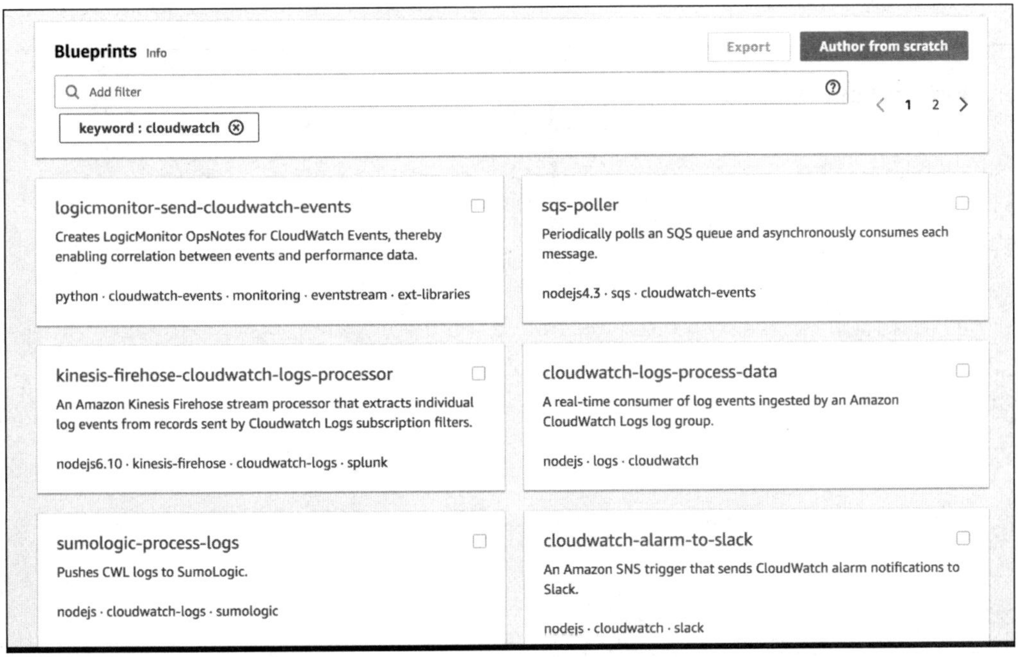

(8) 选择相应的蓝本选项之后，与往常一样，界面将跳转到 Lambda 创建向导。

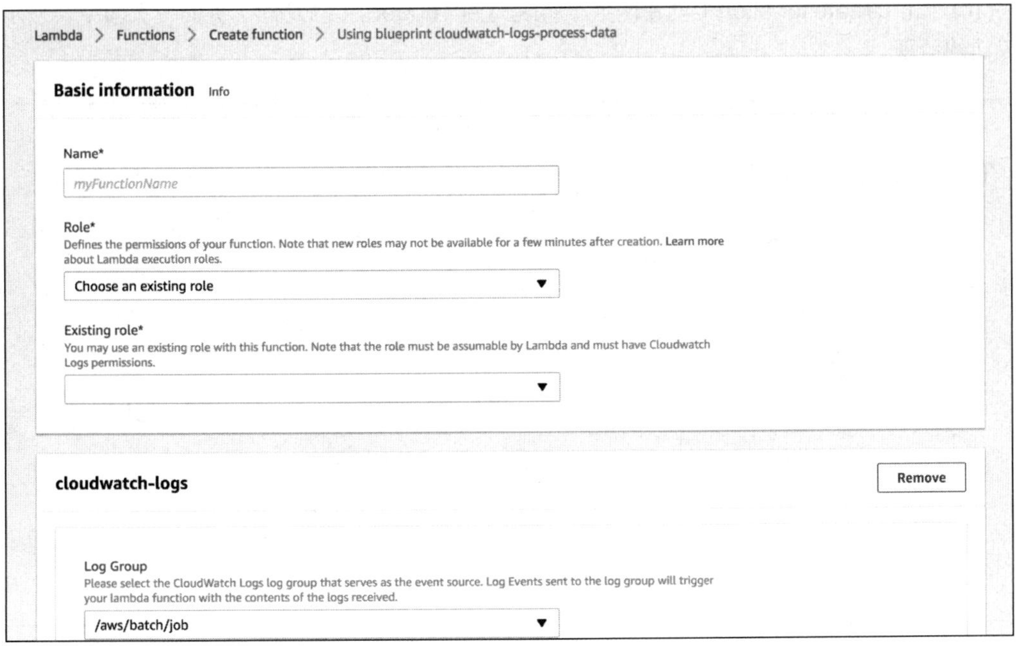

(9) 就像在上一个任务中所做的那样，我们也将在 Lambda 创建面板的 cloudwatch-logs 窗格中输入日志名称以及其他详细信息。

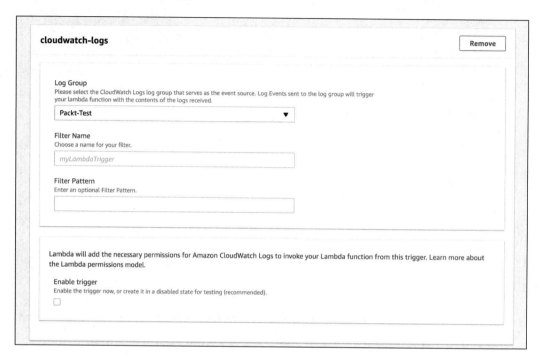

(10) 单击 Create function（创建函数）将跳转到 Triggers（触发器）页面，页面中会显示创建成功的消息。

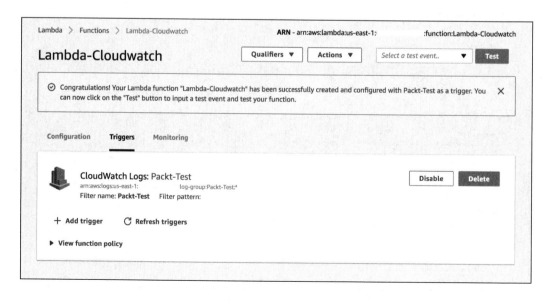

(11) 编写 Lambda 函数代码，用以识别日志组并打印 Hello World 消息。

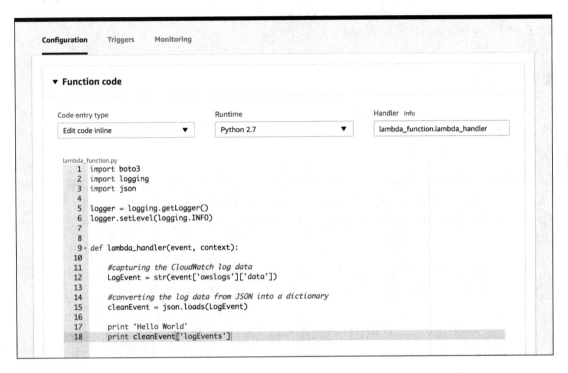

(12) 至此，我们又成功完成了一项任务，我们学会了通过 AWS CloudWatch Logs 触发 Lambda 函数。本例中的 Lambda 函数代码如下。

```
import boto3
import logging
import json
logger = logging.getLogger()
logger.setLevel(logging.INFO)
def lambda_handler(event, context):
# 获取 CloudWatch 的日志数据
LogEvent = str(event['awslogs']['data'])
# 把 JSON 格式的日志数据转换为一个字典
cleanEvent = json.loads(LogEvent)
print 'Hello World'
print cleanEvent['logEvents']
```

3.5 小结

在本章中，我们了解了各种 Lambda 触发器的工作原理，学会了配置触发器、设置触发器，以及编写 Lambda 函数代码来处理其数据。

在第一项任务中，我们学习了 S3 事件的工作原理，以及如何理解和接收从 S3 服务到 AWS Lambda 的事件。我们了解了如何通过 CloudWatch 中的指标监控 S3 存储桶中的文件信息，然后通过 AWS SNS 向 Lambda 函数发送通知。

我们还学会了创建 SNS 主题，并将它们用作从 CloudWatch 到 AWS Lambda 之间的多个 AWS 服务指标的中间路由。

我们还简要学习了 AWS CloudWatch 的工作原理，了解了多种 AWS 服务指标，比如 S3、SQS 和 CloudWatch。此外还学习了如何为 CloudWatch 告警设置阈值，以及如何将这些告警与通知服务联系起来，例如 AWS SNS。

我们学习了 AWS CloudWatch Logs 的工作原理，以及如何连接和使用 Lambda 中的 CloudWatch 触发器，以便只要加入或接收到新的日志事件就触发 Lambda。总的来说，我们在本章中成功创建了新的 AWS 服务，比如 SQS、CloudWatch Logs、SNS 以及 S3 存储桶，并成功构建和部署了三个 Serverless 任务。

在下一章中，我们将学习如何构建 Serverless API，并会像本章一样执行一些实际的任务，通过实例来理解 API 的方式工作。最重要的是，我们将通过实例理解 Serverless API 如何工作。

第 4 章 部署 Serverless API

到目前为止，我们已经走过了一段很长的学习之旅，熟悉了 Serverless 应用程序并构建了 Serverless 工程。我们学习了 Serverless 范式、AWS Lambda 函数的工作原理，掌握了 AWS Lambda 的内部工作原理，详细了解了多个触发器的工作方式，还做了几个小项目来体验触发器，并将它们部署为端到端的 Serverless 任务流。

在本章中，你将学习如何使用 AWS Lambda 和 AWS API 网关服务构建高效且可扩展的 Serverless API。在正式开始构建 Serverless API 之前，我们会先了解 API 网关的工作原理。之后会了解如何将 API 网关与 AWS Lambda 集成，最后将创建并部署一个功能齐全的 Serverless API。

本章包括以下内容：

- API 方法与资源
- 设置集成
- 为 API 部署 Lambda 函数
- 处理身份验证和用户控制

4.1 API 方法与资源

在本节中，我们将了解 AWS 的 API 服务，即 API 网关，并了解控制台为用户创建 API 提供的组件和设置项。通过一一学习这些组件，我们将更好地理解 API 网关。创建 Serverless API 的步骤如下。

(1) 首先打开 API 网关控制台界面，如下图所示。

第 4 章 部署 Serverless API

Amazon API Gateway

Amazon API Gateway helps developers to create and manage APIs to back-end systems running on Amazon EC2, AWS Lambda, or any publicly addressable web service. With Amazon API Gateway, you can generate custom client SDKs for your APIs, to connect your back-end systems to mobile, web, and server applications or services.

Get Started

Getting Started Guide

Streamline API development
Amazon API Gateway lets you simultaneously run multiple versions and release stages of the same API, allowing you to quickly iterate, test, and release new versions.

Performance at scale
Amazon API Gateway helps you improve performance by managing traffic to your existing back-end systems, throttling API call spikes, and enabling result caching.

SDK generation
Amazon API Gateway can generate client SDKs for JavaScript, iOS, and Android, which you can use to quickly test new APIs from your applications and distribute SDKs.

(2) 在 API 网关控制台中，单击 Get Started（开始）按钮创建一个 API。这会打开 API 创建向导，也就是一个名为 Create Example API（创建示例 API）的弹出窗口。

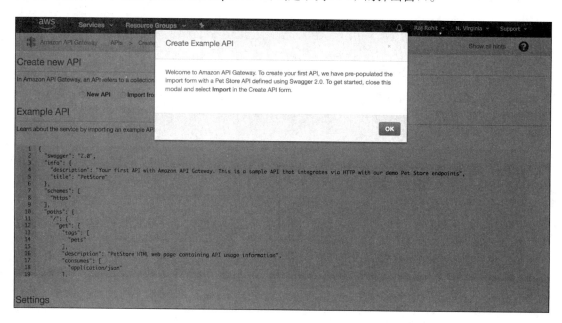

（3）单击 OK 按钮后，新的页面将显示 Example API（示例 API），你可以从中了解 API 响应机制，页面如下所示。

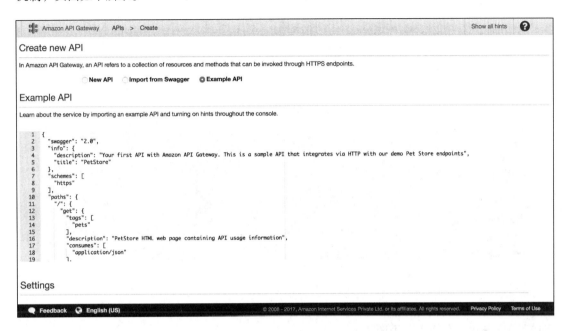

本例中，我们构建的 API 主要用于宠物商店并维护商店里的宠物。通过该 API，你可以看到 API 的详细信息，如下图所示。

(4) 单击 Import（导入）按钮，将打开 PetStore（b7exp0d681）这个我们刚刚创建的 API 页面。完整的 API 页面如下图所示。

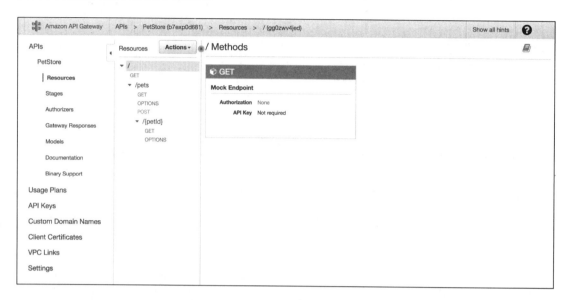

(5) 该 API 中的资源包括 GET 和 POST。你可以添加宠物，并以清单的形式查看已有的宠物。我们创建的 API 中的资源如下图所示。

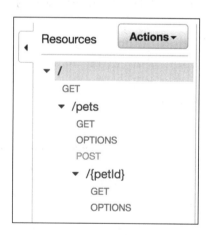

(6) 单击第一个 GET 资源，可以看到详细的执行流程，包括从客户端到终端节点，以及从终端节点返回客户端。该资源的具体执行流程如下图所示。

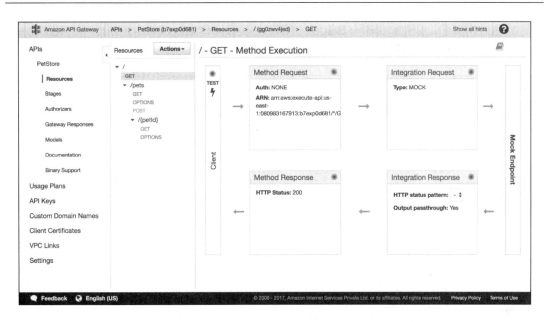

(7) 现在，单击 POST 资源，便会发现类似的 POST 资源执行流程。它与 GET 资源的执行流程非常相似，但是，我们会尝试将 API 终端节点作为 URL，并从中检索结果。执行模型如下图所示。

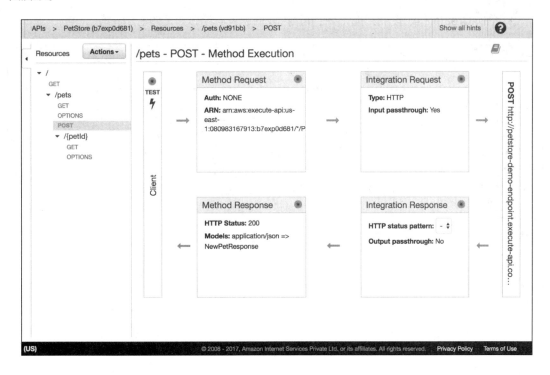

第 4 章 部署 Serverless API

在 API 网关中，有种东西称为 **Stages**（阶段），可以用作 API 的版本控制模型。实践中一些常见的 **Stages** 有**测试**、**开发和生产**。**Stages** 菜单如下图所示。

（8）单击 **Create**（创建）按钮，将打开该阶段的创建向导，如下图所示。

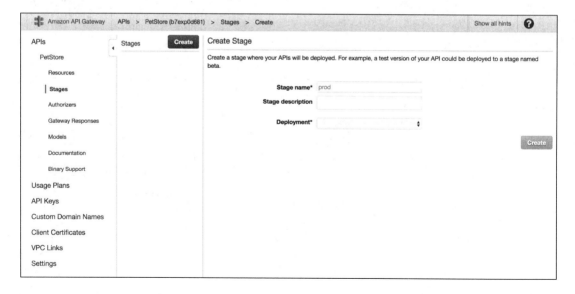

(9) 为了更好地记住该阶段，你可以任意命名 Stage name（阶段名称），并根据该阶段的目的添加描述信息。在此之前，你需要部署你所创建的 API。部署方法是在 Actions 下拉菜单中选择 Deploy API（部署 API）选项，如下图所示。

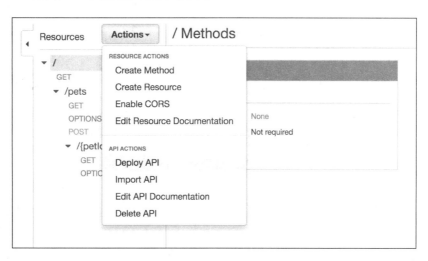

(10) 在接下来的菜单中，你可以选择 Stage name 以及其他详细信息，然后单击 Deploy（部署）按钮在该特定阶段部署你的 API，如下图所示。

部署后的阶段如下图所示。

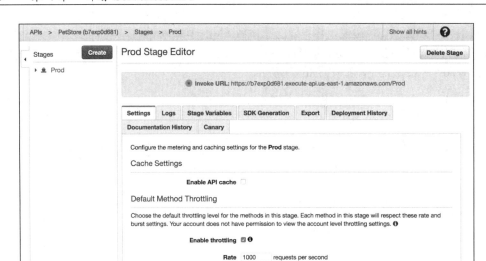

4.2 设置集成

我们已基本了解了 AWS API 网关的工作原理，接下来利用这些知识来构建一个端到端的项目，并部署一个完整的 Serverless API。

在本节中，我们将学习 AWS API 网关集成的内部机制和实现细节，并从零开始构建和部署一个完整的 Serverless API 函数。我们将一步一步构建 Serverless API。因此，请跟随我一起按照以下步骤动手操作。

(1) 首先通过 Lambda 控制台创建一个新的 API，如下图所示。

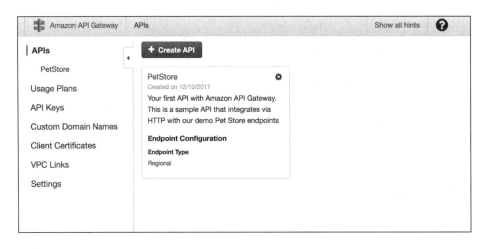

(2) 单击 + Create API（创建 API）按钮，打开 API 创建向导，该向导会提示你输入 API 名称和描述信息。我输入了名字 TestLambdaAPI。当然，你可以根据自己的意愿任意添加名称以及描述信息。创建 API 的控制台界面如下图所示。

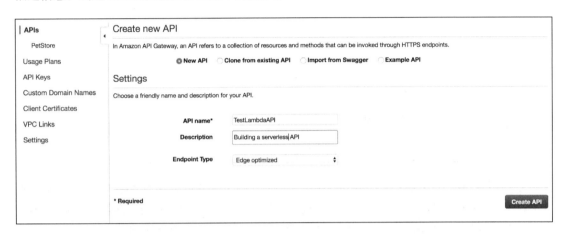

(3) 单击 Create API（创建 API）按钮，将会打开你所创建的 API 页面。API 页面如下图所示。

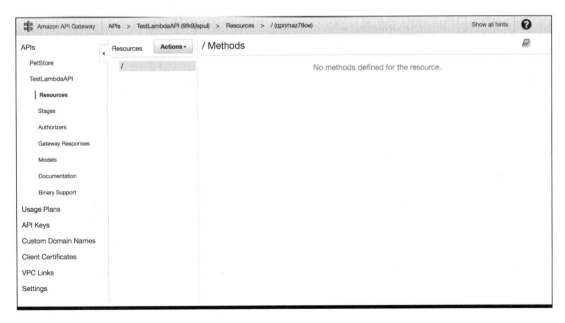

(4) 现在已经成功创建了一个 API，下面为 API 创建资源。可以通过在 Actions 下拉菜单中单击 Create Resource（创建资源）选项来实现。

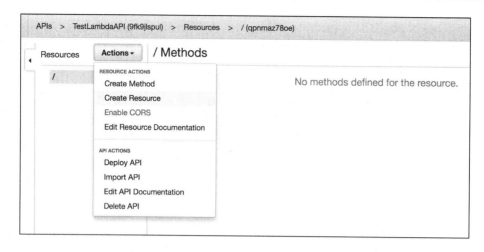

(5) 这将打开一个资源创建向导，你可以在该向导中为 API 资源添加名称和路径。之后，单击 **Create Resource** 按钮，根据你的设置信息创建 API 资源。这里，我将其命名为 LambdaAPI。当然，你可以根据自己的意愿为其指定任何名称。API 创建向导如下图所示。

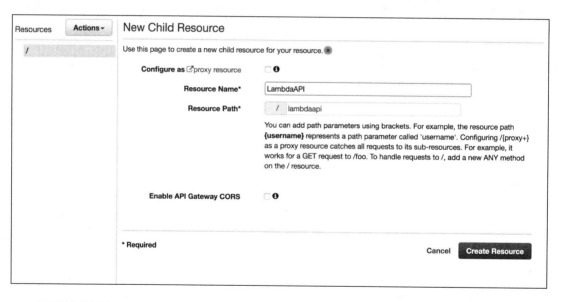

刚刚创建的资源现在已经在 API 控制台中了，你可以在 Resources（资源）部分看到它。

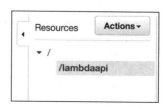

(6) 你可以为资源创建版本，甚至可以为资源创建资源。为此，需要单击你已经创建的资源。然后单击 Actions 下拉菜单中的 Create Resource 选项。

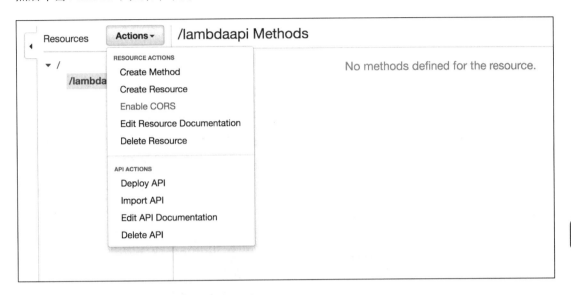

(7) 这将在我们已经创建的资源中打开一个类似的资源创建向导。你可以将该资源命名为 version1 或者 v1。我个人选择把它命名为 v1。当然，你可以任意命名它。

现在，在已有的资源/lambdaapi 下有了一个新的名为 v1 的资源。我们可以在 Resources 部分看到它。现在，我们的 API 资源层次结构如下图所示。

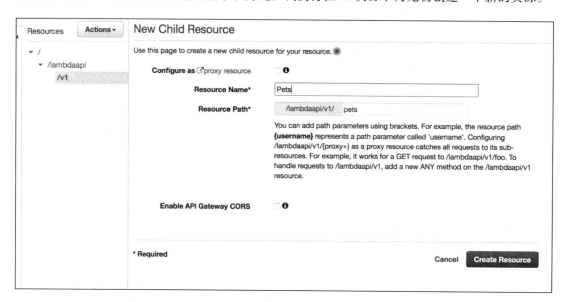

（8）我们将创建一个 Serverless API，用于获取和查询宠物店的宠物列表。因此，以下步骤将会相应调整。API 应该返回宠物的名字。为此，我们将在/v1 资源下为宠物创建一个新的资源。

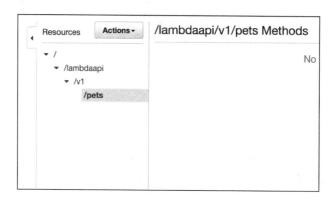

（9）在/v1 资源下创建/pets 资源后，API 资源新的层次结构如下图所示。

(10) 现在添加一个自定义资源，以便查询 API。这意味着在向该 API 发送请求时，可以向资源中添加任何字符串。API 在检查和查验该字符串之后，通过 Lambda 代码回复该请求。自定义资源可以有别于正常资源，因为它们在创建时使用了花括号。下图可以帮助你了解其创建方法。

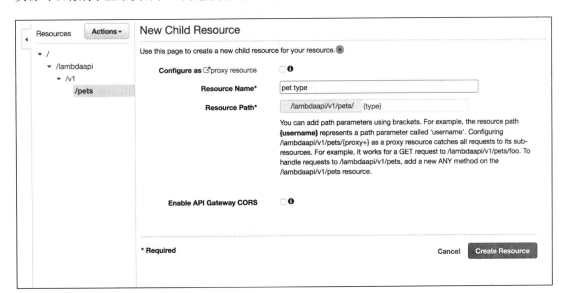

(11) 单击 Create Resource 按钮之后，在/pets 资源下将创建一个新的自定义子资源。此时的资源层次结构如下图所示。

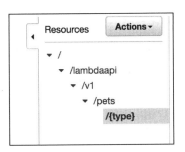

(12) API 的整体结构如下图的右上角所示。

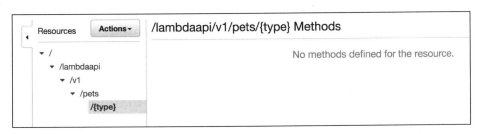

(13) 现在，为自定义资源添加方法。我们只会查询宠物列表，因此只添加 GET 方法。为此，先选中{type}资源，然后单击顶部面板的 Actions 下拉菜单中的 Create Method（创建方法）选项。

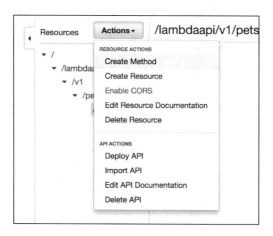

(14) 这将在{type}资源下创建一个小的下拉菜单，你可以从中选择具体的方法。

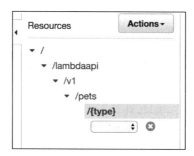

(15) 我们需要从中选择 GET 选项。如下图所示。

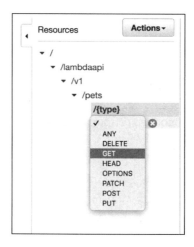

(16) 选择 GET 选项并单击旁边的小按钮后,就为{type}资源成功创建了 GET 方法。新的层次结构如下图所示。

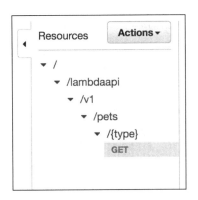

4.3 为 API 部署 Lambda 函数

在本节中,我们将了解部署 Lambda 函数的步骤。

(1) 单击 GET 方法,即可在 API 控制台的右侧看到 GET 方法的细节,如下图所示。

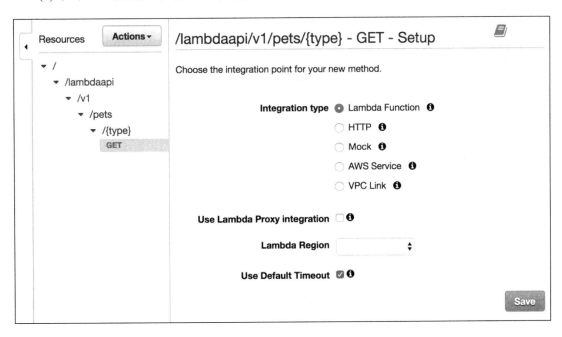

(2) 在 GET 方法控制台中,单击 Lambda Function(Lambda 函数)选项。根据你自己的意愿选择任何一个区域。我选择了 us-east-1 区域,如下图所示。

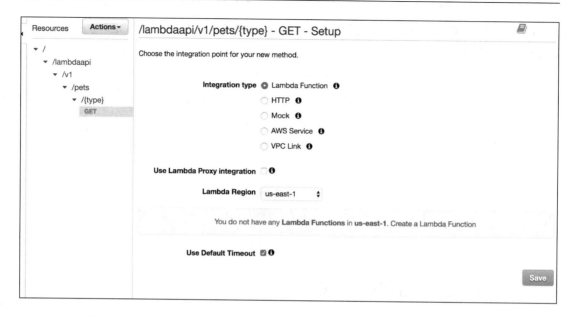

(3) 和预期一样，提示信息显示该区域目前没有任何 Lambda 函数。因此我们需要创建一个。单击 Create a Lambda Function（创建 Lambda 函数）链接，将打开 Lambda 创建控制台。

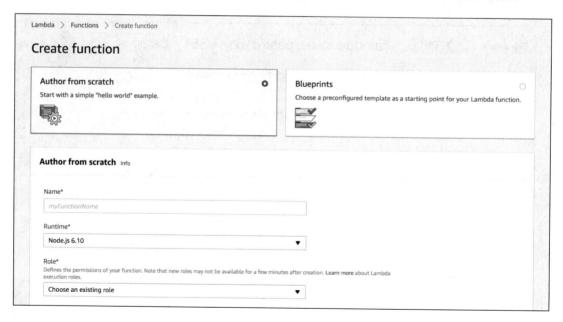

(4) 在该页面中，从列表中选择 keyword: hello-world-python 蓝本。

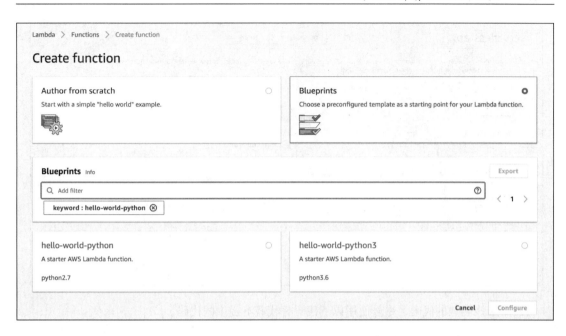

(5) 在下一个控制台页面中，就像我们在前面章节中所做的那样，为 Lambda 函数选择基本信息。

(6) 添加了相关的详细信息之后，单击橙色的 Create function（创建函数）按钮。这将打开你刚刚创建的 Lambda 函数的页面。你可以编辑其代码。

第 4 章　部署 Serverless API

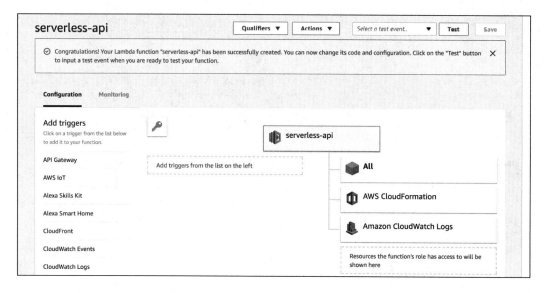

(7) 对于该函数的代码，尽量使用以下代码替代蓝本提供的代码。

```python
def lambda_handler(event, context):
    mobs = {
        "Sea": ["GoldFish", "Turtle", "Tortoise", "Dolphin", "Seal"],
        "Land": ["Labrador", "Cat", "Dalmatian", "German Shepherd",
                 "Beagle", "Golden Retriever"],
        "Exotic": ["Iguana", "Rock Python"]
    }
    return {"type": mobs[event['type']]}
```

(8) 至此，我们完成了对该函数代码的微调。接下来保存该函数。

(9) 现在，返回到 GET 方法页面的 API 网关控制台。在 us-east-1 区域的 Lambda 函数下，我开始获取刚刚作为选项来创建的 Lambda 函数（serverless-api）。

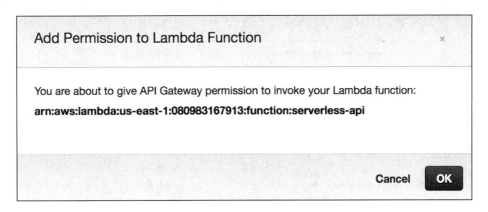

(10) 单击 Save（保存）之后，将看到一个弹出窗口，它要求你确认是否授权 API 网关调用 Lambda 函数。单击 OK 按钮确认。

(11) 单击 OK 按钮之后，将打开该 GET 方法的数据流页面，如下图所示。

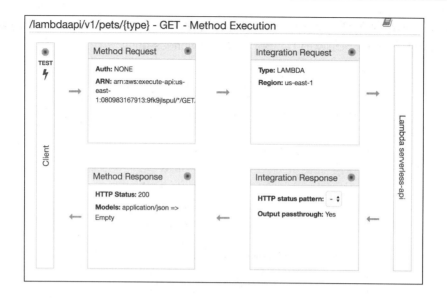

4.4 处理身份验证与用户控制

部署完成之后,接下来讨论如何处理身份验证和用户控制。具体步骤如下。

(1)我们已经成功创建了 Serverless API 的基本框架,接下来完善细节,从而完成该 API 的完整功能。我们将从应用映射模板开始。这可以在 Integration Request(集成请求)菜单中完成。单击 Integration Request 链接,将会打开以下控制台。

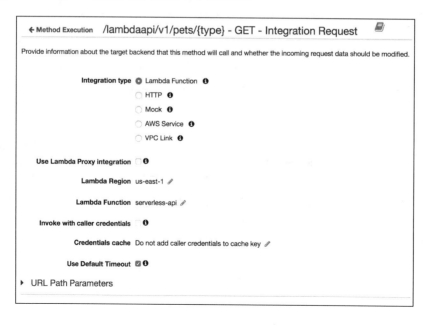

(2) 在控制台界面的底部，你会发现 Body Mapping Templates（正文映射模板）部分。

(3) 单击 Body Mapping Templates 将展开其可用的选项。

(4) 选择第二个名为 When there are no templates defined (recommended)［未定义模板（推荐）］的选项，它是推荐选项，表示目前未定义模板。然后，单击 Add mapping template（添加映射模板）选项并添加 application/json，然后单击旁边的灰色符号。

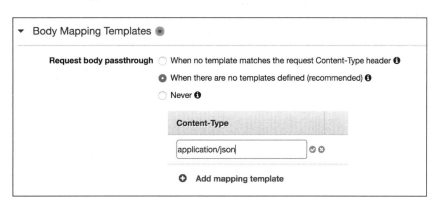

(5) 单击旁边的灰色符号之后，Body Mapping Templates 部分将如下图所示。

(6) 现在，在模板文本框中，添加以下代码，然后单击文本框下方的 Save 按钮。

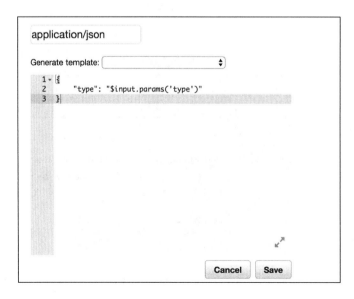

(7) 完成所有这些步骤之后，Body Mapping Templates 部分将如下图所示。

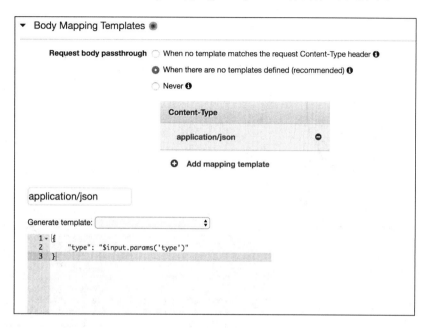

(8) 现在，返回 Method Execution（方法执行）页面。在页面左侧，可以看到一个闪电符号的 TEST（测试）选项。

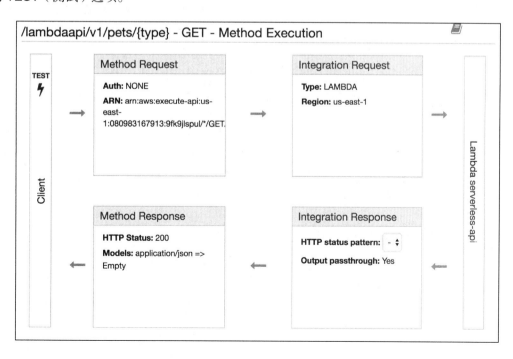

(9) 单击 Client（客户端）部分左侧的 TEST 按钮，将更新页面内容用以测试你所创建的 API。

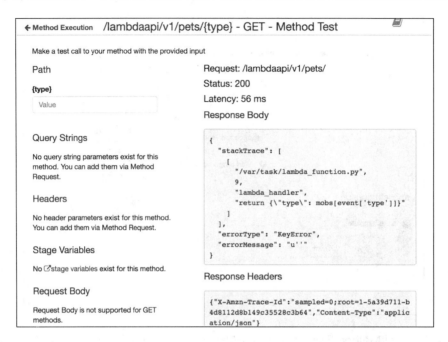

(10) 现在，在{type}下方的文本框中输入 Exotic，然后单击页面底部的 Test 按钮。如果一切顺利，应该可以看到我们在 Lambda 函数代码中输入的所有外来（exotic）宠物清单。

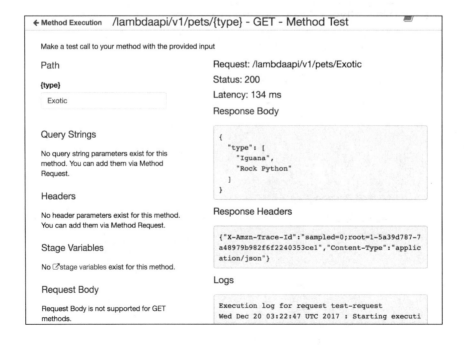

（11）运行结果正确，我们确实得到了目录中所有的外来宠物清单。本章内容到此结束，你已经学会如何从零开始构建一个完整的 Serverless API 并部署它。

（12）此外，如果要添加其他安全设置，例如 Authorizations（授权）和 API Key Required（API 必需密钥），可以在 Method Request（方法请求）菜单中实现。

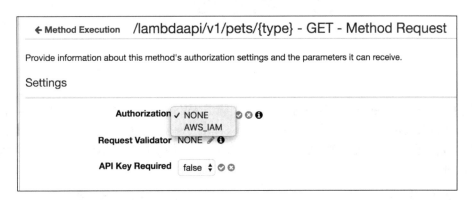

4.5　小结

在本章中，我们学习了如何从零开始构建一个完整的 Serverless API，还学习了如何为 API 添加更多资源和方法，如何将其成功部署到多个开发阶段，以及如何添加额外的安全性设置（比如授权和 API 密钥）用于身份验证。

接着学习了如何将 Lambda 函数与 API 网关的 API 服务相关联，用以处理 API 的计算任务。

在下一章中，我们将学习 Serverless 应用程序的日志记录和监控。我们将详细了解 AWS 提供的日志记录和监控服务，比如 CloudWatch Metrics、CloudWatch Logs 和 CloudWatch Dashboards，并为我们的 Serverless 应用程序设置这些服务。我们还将使用一些 AWS 服务，创建从 AWS Lambda 到这些监控工具的日志记录和监控管道。

第 5 章 日志与监控

我们已经学习了 Serverless 架构的概念，并理解了 AWS 的 Serverless 服务（即 AWS Lambda）的基础知识以及内部机制。我们构建了一些示例 Serverless 项目，更好地理解了这些概念。在此过程中，我们还学习了其他几种 AWS 服务的基础知识，例如告警、SNS、SQS、S3 存储桶和 CloudWatch。

在本章中，我们将学习如何对构建的 Serverless 系统进行日志记录和监控。对软件代码和系统进行日志记录和监控非常重要，因为它们可以帮助我们进行遥测和灾难恢复。日志记录主要负责存储代码或者整个架构产生的日志。监控功能主要用来密切监控代码或者架构中各组件和流程的活动、状态和健康状况。

因此，我们将学习如何设置和理解 AWS Lambda 的监控套件，它与 AWS 的监控服务（CloudWatch 仪表盘）紧密集成。我们还将了解 AWS 的日志服务，即 CloudWatch Logs 服务。最后还将学习和理解 AWS 的分布式跟踪及监控服务，即 CloudTrail 服务。

本章包括以下内容：

- 了解 CloudWatch
- 了解 CloudTrail
- CloudWatch 的 Lambda 指标
- CloudWatch 的 Lambda 日志
- Lambda 的日志语句

5.1 了解 CloudWatch

如前所述，CloudWatch 是 AWS 的日志记录和监控服务。我们已经熟悉了 CloudWatch 告警，它是 CloudWatch 的一个子功能。现在来将了解该服务的图形套件。出于日志和监控的目的，几乎 AWS 环境中的所有服务都可以将其日志和指标发送到 CloudWatch。根据功能的不同，每个服务都可能拥有多个可被监控的指标。

同样，AWS Lambda 也有一些指标，例如发送到 CloudWatch 的调用计数和调用运行时间，等等。开发者也可以向 CloudWatch 发送自定义的指标。在下面的步骤中，我们将了解 AWS Lambda 对应的 AWS CloudWatch 的不同部分和功能。

(1) 首先看看 CloudWatch 控制台的外观，并通过以下网址了解控制台的主要功能：console.aws.amazon.com/cloudwatch/。

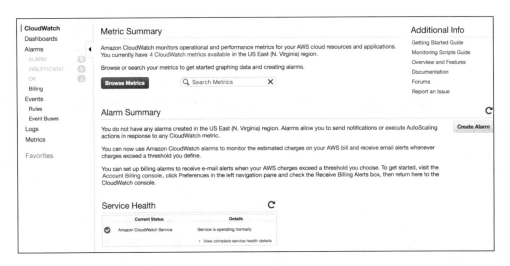

(2) 可以发现，CloudWatch 控制台包含了很多信息。因此，我们应当一个一个地来熟悉各个组件。在控制台左侧，可以看见一个选项列表，其中包括 Dashboards（仪表盘）、Alarms（告警）、Billing（账单），等等。我们将尝试了解这些选项及其功能，从而更好地了解 CloudWatch 控制台。

(3) 此处的仪表盘面板可以帮助用户配置 CloudWatch 指标。例如，用户可能希望拥有一组特定的服务器（EC2）指标，以便更好地监控它们。这种情况下，AWS CloudWatch 的仪表盘正好能派上用场。单击左侧的 Dashboards 选项，将看到 Dashboards 控制台，如下图所示。

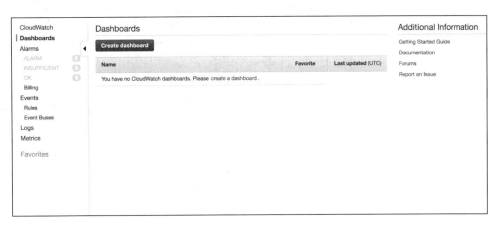

(4) 单击控制台左上方的蓝色 Create dashboard（创建仪表盘）按钮，创建一个新的仪表盘，如下图所示。

(5) 接下来的页面将提示你为仪表盘选择一个小部件类型。目前提供了四种类型的小部件，如下图所示。

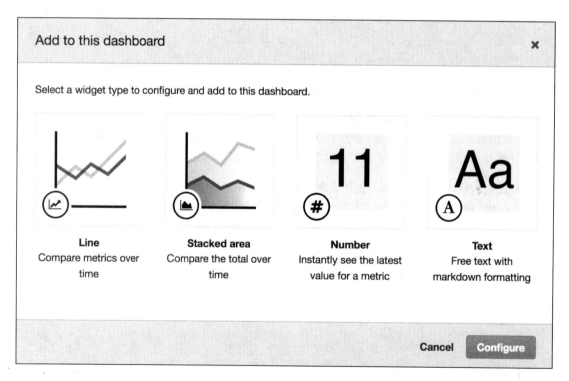

(6) 本例中，我选择了 Line（线条）风格的小部件。你可以选择适合你的图形样式和监控功能的任何类型的小部件。选择小部件样式之后，单击蓝色的 Configure（配置）按钮，将会打开一个向导，它会提示你添加指标，如下图所示。

(7) 在页面底部选择一个备选指标，它将被添加到小部件。选择指标之后，单击页面右下角的蓝色 Create widget（创建小部件）按钮，如下图所示。

(8) 现在，你可以看到自己刚刚创建的仪表盘。

(9) 我们已经学习并成功创建了一个 AWS CloudWatch 仪表盘。接下来继续了解 CloudWatch Events。在之前的章节中我们已经了解了 CloudWatch Alarms 的基本功能，并学会了如何创建和使用它们。

(10) 在页面左侧，单击 CloudWatch 菜单中的 Events（事件）链接。这将打开 CloudWatch Events 页面，如下图所示。

(11) 单击蓝色的 Create rule（创建规则）按钮，将打开 Events 创建向导，如下图所示。

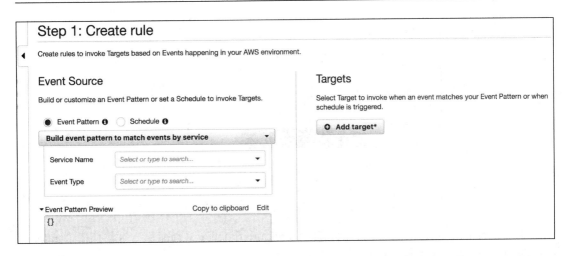

(12) 这里提供了 Event Pattern 和 Schedule 两种类型的事件，它们的作用各有不同。这里只介绍 Schedule 类型，因为它可以很方便地调度 Lambda 函数。

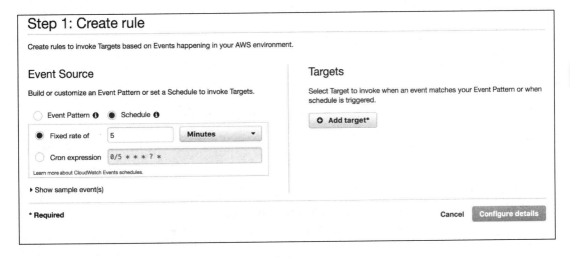

(13) 你可以根据自己的喜好，将计费方式设置为 Minutes（分钟）、Hours（小时）或者 Days（天数），也可以设置为 cron 模式。现在需要选择目标。它可以是任何有效的 Lambda 函数，如下图中的下拉菜单所示。

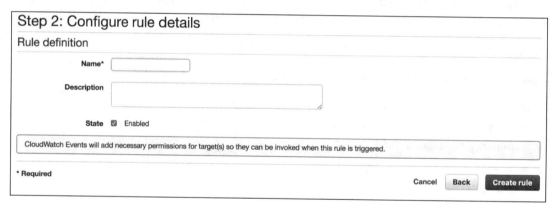

(14)选择函数之后,单击页面底部的蓝色 Configure details(详细配置)。这将打开 Configure rule details(详细配置规则)页面,如下图所示。

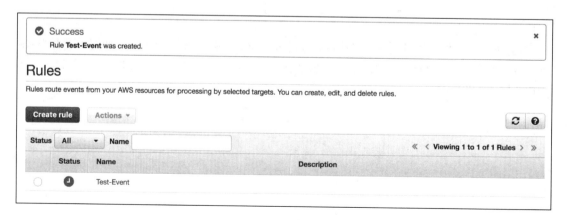

(15)输入要创建的规则的名称和描述信息之后,单击页面底部蓝色的 Create rule 按钮。这将成功创建一个事件,该事件也会出现在 CloudWatch 控制台中。

我们已经为 Lambda 函数成功添加了一个 cron 事件，这意味着 Lambda 将定期调用用户设置的事件。

（16）现在尝试了解 AWS CloudWatch 的 **Logs**（日志）功能。Lambda 函数用它来存储其日志。单击界面左侧菜单中的 **Logs** 链接，即可打开 CloudWatch Logs 的控制台。

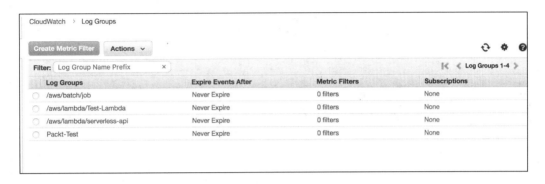

（17）我们可以看到在本书中创建的所有 Lambda 函数的完整日志列表。当你单击日志组时，可以看到它的更多详细信息以及自定义选项。每个日志都与其对应的 Lambda 函数相关联。

（18）还可以使用 CloudWatch 提供的其他功能来处理日志数据，这些功能位于 **Log Groups**（日志组）的 **Actions** 下拉菜单中。

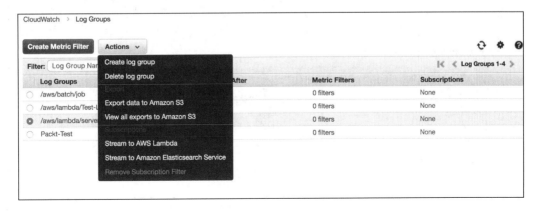

(19) 最后来探索和了解 CloudWatch 指标。单击 CloudWatch 控制台左侧的 **Metrics**（指标）选项，即可打开指标控制台页面。

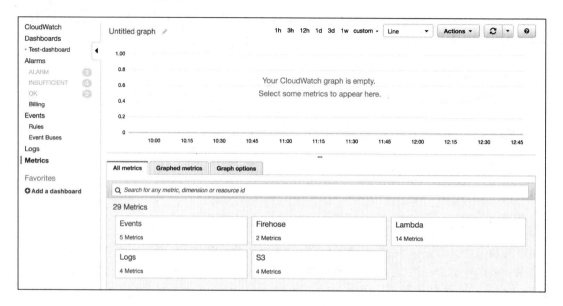

(20) 你可以在底部的菜单中选择任何选项来对指标进行图形化。本例中，我添加了一个 Lambda 指标来作为示例，即函数的错误次数 serverless-api。

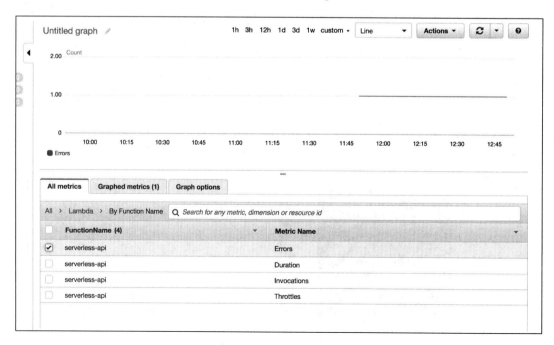

5.2 了解 CloudTrail

CloudTrail 是 AWS 提供的另一种监控服务，你可以在其中看到你的 AWS 账户中发生的所有事件。相比于 CloudWatch 服务，该服务记录和存储事件的功能更为强大。

我们将通过以下步骤探索和了解该服务。

(1) 可以通过以下网址访问 AWS CloudTrail 的仪表盘：console.aws.amazon.com/cloudtrail/。

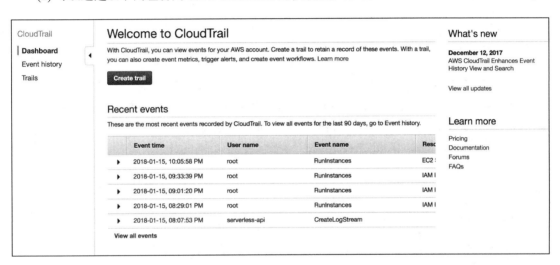

(2) 登录你的 AWS 账户，单击 Event history（事件历史）按钮，即可在 CloudTrail 菜单左侧看到所有的事件列表，如下图所示。

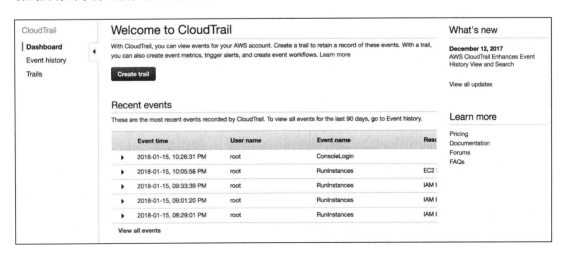

(3) CloudTrail 的第三个功能是跟踪。用户可以为他们的 AWS 服务（比如 Lambda）设置跟踪。设置的跟踪可以在 Trails 仪表盘上找到。单击左侧菜单中的 Trails 选项，即可打开 Trails 控制台。

(4) 现在来了解一下如何在 CloudTrail 仪表盘中创建跟踪。进入 CloudTrail 的主仪表盘界面，单击蓝色的 Create trail（创建跟踪）按钮，将打开跟踪创建向导。

(5) 你可以在这里输入你的跟踪细节。系统默认会选中 Apply trail to all regions（适用于所有区域）选项和 Management events（管理事件）选项。

5.2 了解 CloudTrail

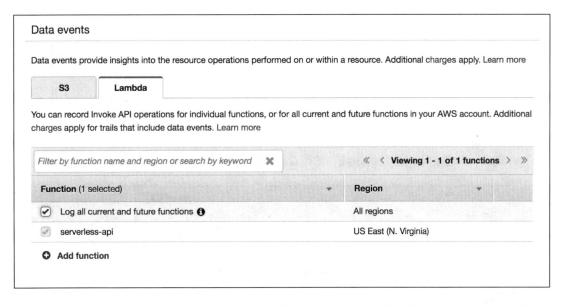

（6）现在，继续下一个设置，在选项列表中选择 Lambda 选项并单击 Log all current and future functions（记录当前和未来的所有功能）。这会使用 CloudTrail 来确保所有 Lambda 函数都能够被正确记录。

（7）接着，在最后的 Storage location（存储位置）选项中，选择一个 S3 bucket（S3 存储桶）来存放 CloudTrail 日志。这可以是一个已有的存储桶，你也可以让 CloudTrail 创建一个新的存储桶。在本例中，我使用的是一个已有的存储桶。

(8) 配置完所有相关的细节和设置之后,即可单击蓝色的 Create trail 按钮来创建跟踪。此时,你可以在你的 CloudTrail 仪表盘中看到你所创建的跟踪,如下图所示。

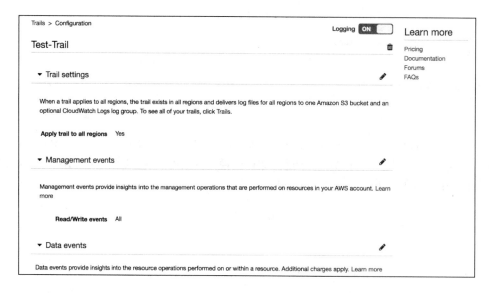

(9) 现在,单击你刚刚创建的跟踪,即可看到它所有的详细配置信息,如下图所示。

(10) 你还会注意到一个非常有趣的选项，它可以让你配置 CloudWatch Logs 和 SNS，以便在某些情况下通知你执行特定活动，比如当 Lambda 函数中存在错误时。

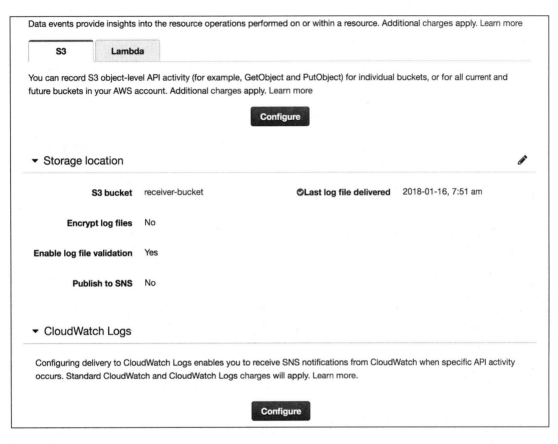

(11) 最后，还可以为跟踪添加标签，就像为其他 AWS 服务添加标签一样。

(12)此外,让我们学习一下如何为跟踪配置 CloudWatch Logs。为此,需要单击 CloudWatch Logs 部分(该部分位于 Tags 上方)中的蓝色 Configure(配置)按钮。

(13)单击 Continue(继续),将打开创建向导。你需要根据你的 IAM 角色设置进行相应地权限配置。在本例中,我选择了 Create a new IAM Role(创建新的 IAM 角色)选项,如下图所示。

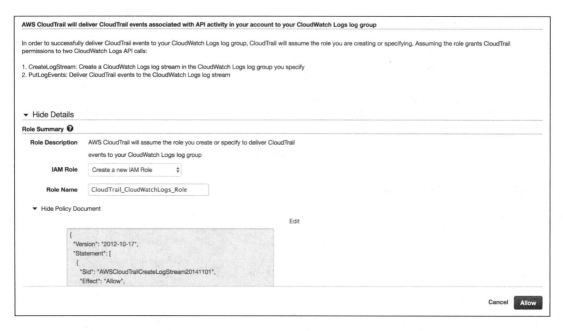

(14)完成 IAM 角色设置后,单击页面底部的蓝色 Allow(允许)按钮。经过几秒钟的验证,CloudWatch Logs 便配置完毕,你可以在同一 CloudWatch Logs 部分进行查看。

5.3 CloudWatch 的 Lambda 指标

我们已经学习了 CloudWatch 和 CloudTrail 服务提供的日志和监控功能的工作原理，下面将它们应用到我们的 Lambda 函数上。在本节中，你将了解 Lambda 拥有的指标类型（它们由 CloudWatch 监控），并学习如何用这些指标创建仪表盘。

与本书之前的内容类似，我们将通过以下步骤来了解相关概念。

(1) 在 AWS Lambda 控制台中的可用函数列表中，可以看到你已经创建的 Lambda 函数。

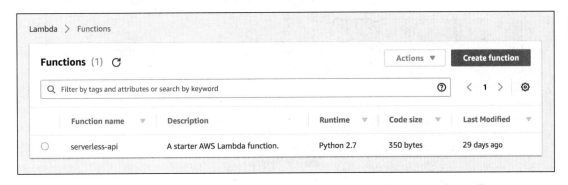

(2) 单击该函数，你将在顶部看到两个可用选项：Configuration（配置）和 Monitoring（监控）。在 Monitoring 部分可以看到指标仪表盘，它包含以下内容：

- Invocations（调用次数）
- Duration（持续时间）
- Errors（错误）
- Throttles（限制）
- Iterator age（迭代器期限）
- DLQ errors（DLQ 错误）

104 第 5 章 日志与监控

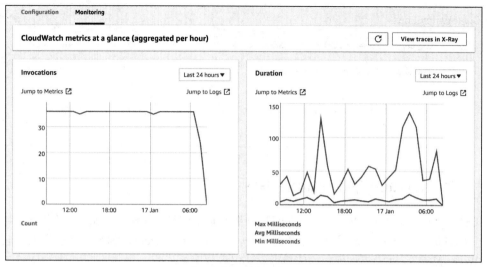

Invocations 与 Duration

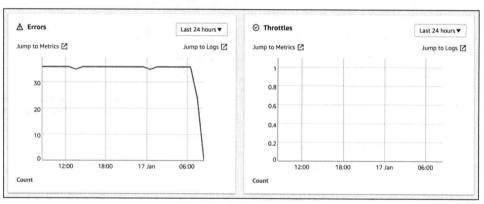

Errors 与 Throttles

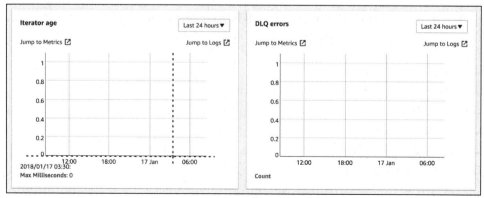

Iterator age 与 DLQ errors

(3) 我们一个一个来详细地了解它们。第一个指标是 Invocations，其中 X 轴表示时间，Y 轴表示 Lambda 函数的调用次数。该指标可以帮助我们了解 Lambda 函数被调用的时间和次数。

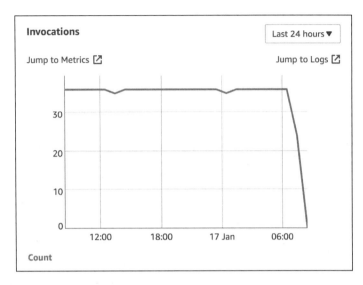

单击 Jump to Logs（跳转到日志），将打开 Lambda 调用次数的 CloudWatch Logs 控制台，如下图所示。

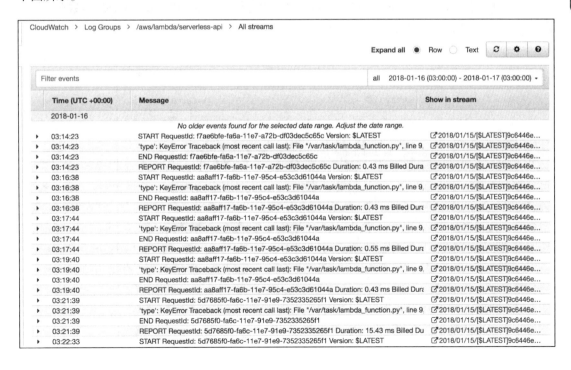

单击 Jump to Metrics（跳转到指标）选项，将打开该指标的 CloudWatch Metrics 仪表盘，它提供了该指标的自定义的可视化图像，如下图所示。

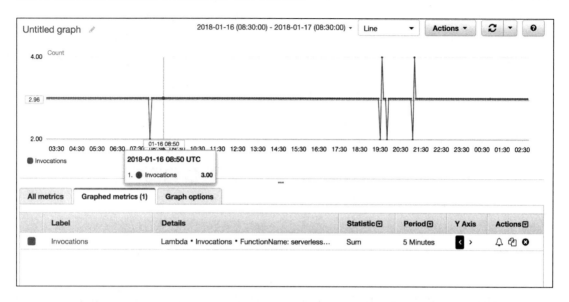

(4) Lambda 监控仪表盘中的第二个指标是 Duration，它表示每次调用 Lambda 函数的持续时间。其中 X 轴代表时间，Y 轴代表持续时间，单位为毫秒。它还可以呈现 Lambda 函数在一段时间内的最长持续时间、平均持续时间以及最短持续时间。

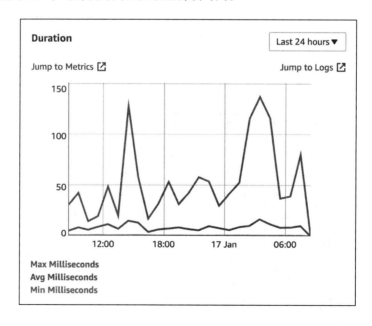

(5) 再次单击 Jump to Logs 按钮，将打开和前一个指标相同的页面。单击 Jump to Metrics 按钮，将打开 Duration 指标的 CloudWatch 指标页面，如下图所示。

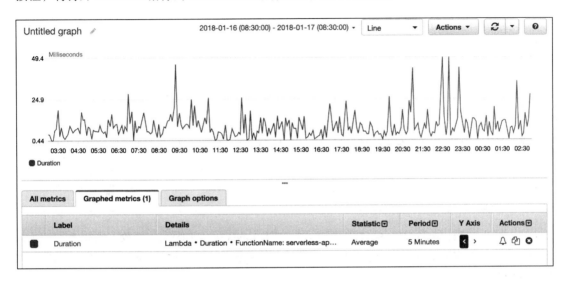

(6) 第三个指标是 Errors，它可以帮助我们跟踪 Lambda 函数调用时的错误信息。X 轴是时间轴，Y 轴表示错误的数量。

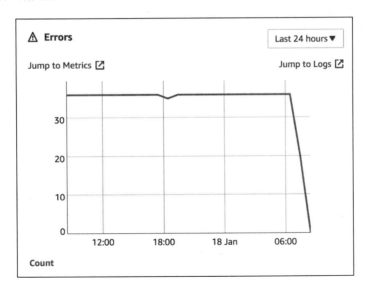

(7) 单击 Jump to Metrics 链接，即可打开该指标的 CloudWatch 仪表盘。

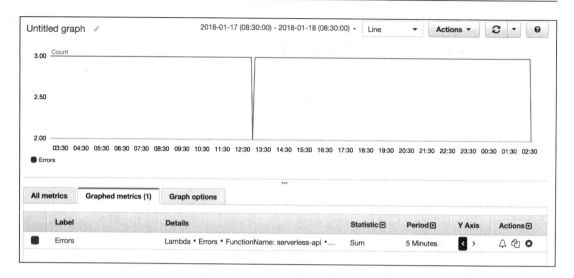

(8) 第四个指标是 Throttles。该指标表示你的 Lambda 函数被限制的次数，比如函数在每个区域并发执行的次数限制为 1000。实际上，我们不会像本书示例的 Lambda 函数那样频繁地遇到该并发限制指标。

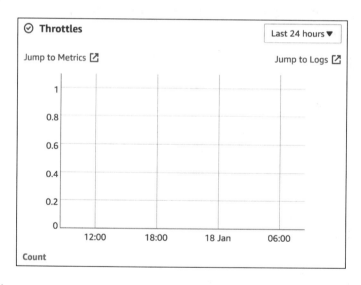

(9) 通过单击 Jump to Metrics 链接，也可以在 CloudWatch 指标仪表盘中看到该指标。

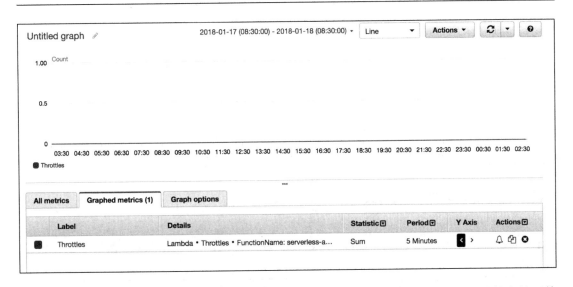

(10) 第五个指标是 Iterator age 。该指标仅针对由 DynamoDB 流或者 Kinesis 流触发的函数有效。它呈现了函数处理的最后一条记录的期限。

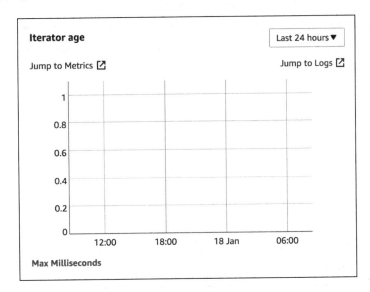

单击 Jump to Metrics 链接，即可打开该指标的 CloudWatch 指标仪表盘。

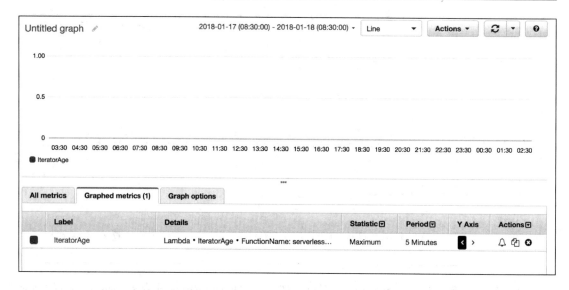

(11) 第六个也是最后一个指标是 DLQ errors。它表示发送消息到死信队列时发生的错误数量。大多数情况下，错误源于错误的权限配置和超时。

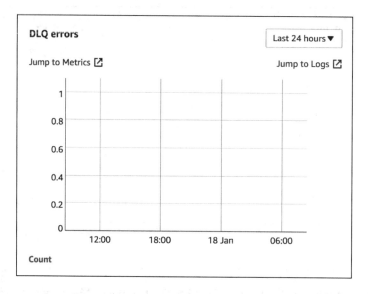

单击 Jump to Metrics 链接，即可打开该指标的 CloudWatch 指标仪表盘。

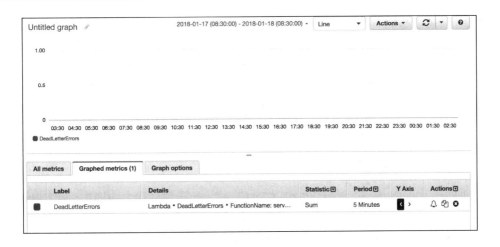

5.4 CloudWatch 的 Lambda 日志

到目前为止，我们已经非常详细地了解了 AWS Lambda 的指标功能。下面继续了解 Lambda 函数的日志功能。一如既往，我们将通过以下步骤来了解它们。

(1) AWS Lambda 函数的日志功能由 CloudWatch 的 Logs 服务提供。单击 CloudWatch 主仪表盘上的 **Logs** 仪表盘，即可访问 CloudWatch Logs 服务。

(2) 单击位于 /aws/lambda/serverless-api 的 serverless-api 日志列表，可以看到 Serverless API 的日志流，如下图所示。

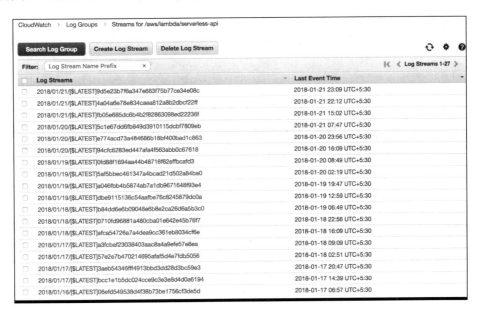

(3) 每个日志流都是一个 Lambda 调用。因此，只要你的 Lambda 函数被调用，它就会在这里创建一个新的日志流。如果调用是 Lambda 重试过程的一部分，它将写入该调用的最新的日志流中。单个日志流可以包含多个详细信息。首先来看一下特定日志流的样子。

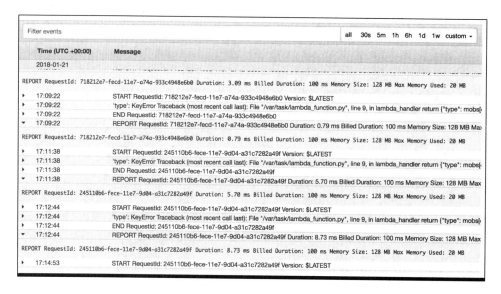

(4) 如果仔细观察，你会发现 Lambda 的日志也包含 Lambda 函数调用的持续时间，以及该函数所使用的内存，其中持续时间正是收费标准。这些指标能够帮助我们更好地了解函数性能，以便对其进行改进和优化。

(5) CloudWatch Logs 提供了多种可选项，如下图所示。

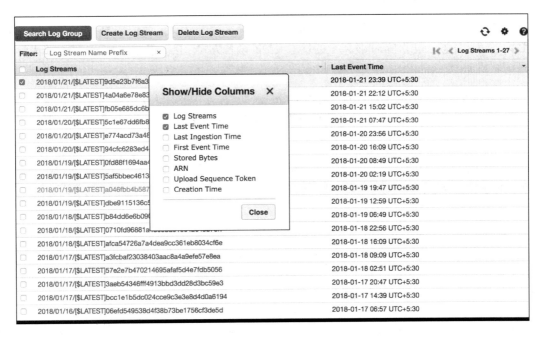

因此，当你选择这些可选项之后，可以在仪表盘中看到它们。当需要对 Lambda 函数进行深入调试时，这些可选项便会派上用场。

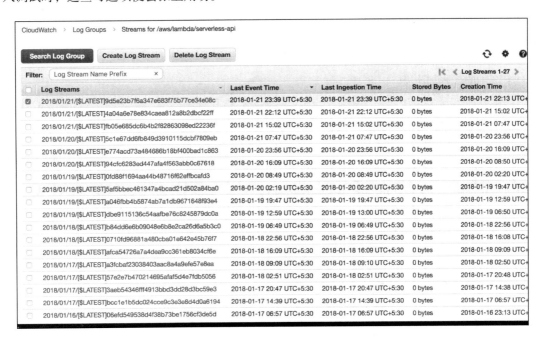

5.5 Lambda 的日志语句

清晰地记录你的评论和错误是一项良好的软件工程实践。因此，我们来学习如何在 Lambda 函数内部记录日志。记录 Lambda 函数的日志大致有两种方式。接下来通过例子一步一步来学习和理解它们。

(1) 第一种方法是使用 Python 的日志库 `logging`。这种方法被广泛使用，甚至成了记录 Python 脚本日志的标准做法。我们将编辑之前编写的 Serverless API 代码，并在其中添加日志记录语句。代码如下图所示。

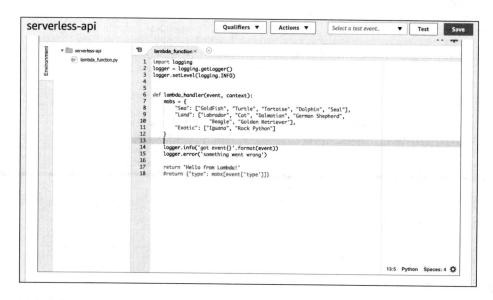

上图中的代码如下：

```
import logging
logger = logging.getLogger()
logger.setLevel(logging.INFO)


def lambda_handler(event, context):
    mobs = {
        "Sea": ["GoldFish", "Turtle", "Tortoise", "Dolphin", "Seal"],
        "Land": ["Labrador", "Cat", "Dalmatian", "German Shepherd",
                 "Beagle", "Golden Retriever"],
        "Exotic": ["Iguana", "Rock Python"]
    }

    logger.info('got event{}'.format(event))
    logger.error('something went wrong')

    return 'Hello from Lambda!'
    #return {"type": mobs[event['type']]}
```

(2) 修改代码之后请保存，然后运行 Lambda 函数，你会发现添加的语句被成功执行了，如下图所示。

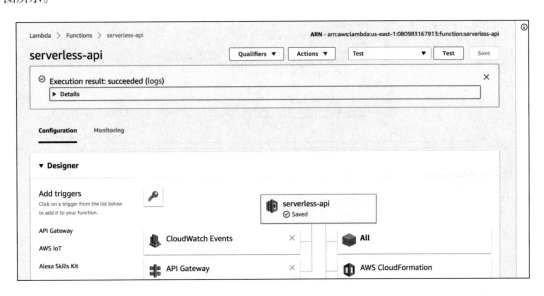

(3) 单击 Details（详细信息）选项，可以清楚地看到日志记录语句被执行了。

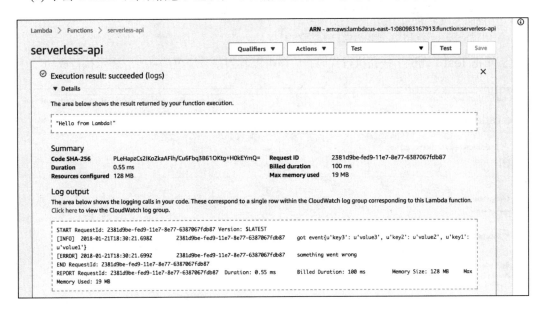

(4) 记录日志的另一种简单方法是使用 Python 的 `print` 语句。它是 Python 脚本中打印日志时最常用的方法。接下来，在函数中添加一个 `Hello from Lambda print` 语句，然后看看在 Lambda 执行过程中是否成功输出了该信息。

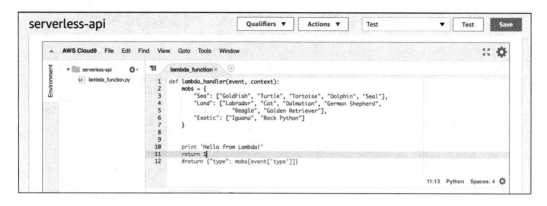

该 Lambda 函数的代码如下：

```
def lambda_handler(event, context):
    mobs = {
        "Sea": ["GoldFish", "Turtle", "Tortoise", "Dolphin", "Seal"],
        "Land": ["Labrador", "Cat", "Dalmatian", "German Shepherd",
                 "Beagle", "Golden Retriever"],
        "Exotic": ["Iguana", "Rock Python"]
    }


    print 'Hello from Lambda!'
    return 1
    #return {"type": mobs[event['type']]}
```

(5) 单击 Test（测试）按钮执行代码，应该可以看到一条绿色消息，它表示执行成功。

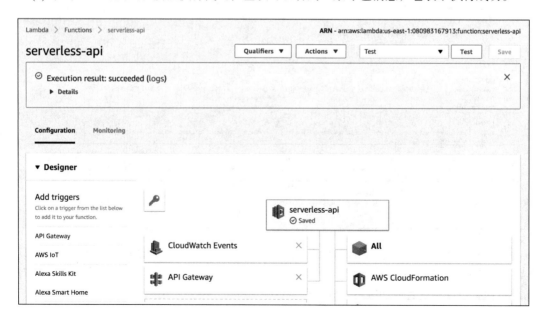

(6) 与之前一样，单击 Details 选项可以得到函数执行的完整日志。

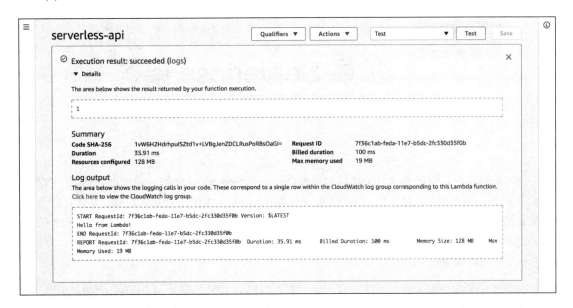

(7) 我们同样可以看到 `Hello from Lambda` 消息。在以上两种记录 Lambda 函数日志的方法中，我们应当优先使用第一种，即使用 Python 的 `logging` 模块。这是因为该模块非常灵活，能够帮助你区分不同级别的日志，比如普通信息、错误信息和调试信息。

5.6 小结

在本章中，我们学习了 AWS 的监控和日志记录功能，了解了 AWS 提供的监控和日志记录工具，并且知道了如何监控 Lambda 函数以及如何记录 Lambda 函数日志。

我们还学习了业内遵循的日志记录和监控实践，并了解了 Python 语言中用来记录 Lambda 函数日志的多种方法。

在下一章中，我们将学习如何将我们的 Serverless 架构扩展为分布式应用，以应对高负载，同时依然发挥 Serverless 的优势。

第 6 章 扩展 Serverless 架构

到目前为止，我们已经学习了如何构建和监控一个 Serverless 函数，并记录其日志。本章，我们将学习一些概念和工程实践，它们有助于你将 Serverless 扩展为分布式应用，以应对高负载，并保证足够的安全性。我们还将使用一些第三方工具（例如 Ansible）来扩展我们的 Lambda 函数，以生成分布式 Serverless 架构，这将涉及多个服务器（或者 AWS 环境中的实例）。因此，你在阅读本章示例时需要牢记这一点。

阅读本章内容之前，你首先需要对一些工具有足够的了解，例如 Ansible、Chef，等等。你可以访问这些工具的网站，通过速成教程快速了解它们。如果你已经对其有了足够的了解，可以跳过本章，继续阅读后面的内容。

本章包含五个部分，涵盖了扩展 Serverless 架构的所有基础知识，它将为你构建更大、更复杂的 Serverless 架构打下基础。

- 第三方编排工具
- 服务器的创建和终止
- 最佳安全实践
- 扩展的难点
- 解决难点

6.1 第三方编排工具

在本节中，我们将学习基础设施的供应和协调，还将探索两个工具，即 Chef 和 Ansible。让我们按照以下步骤开始学习吧。

(1) 首先介绍 Chef。你可以访问 Chef 的官方网站：https://www.chef.io/。

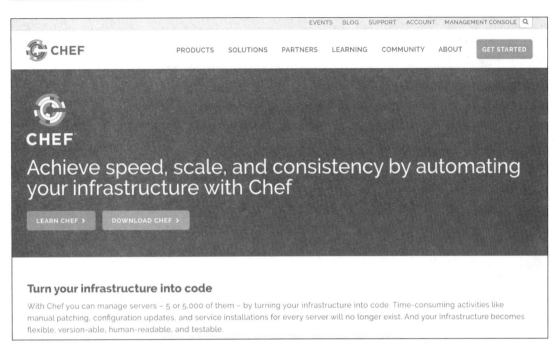

(2) Chef 有一套非常强大的教程，能够让你轻松上手。它提供了一系列 10~15 分钟的小教程，非常便于学习。你可以访问 https://learn.chef.io 来学习这些教程。

(3) 现在开始学习基础设施的供应和协调。你可以通过访问 https://docs.chef.io 来阅读 Chef 的文档。其页面如下图所示。

第 6 章 扩展 Serverless 架构

(4) 可以参考文档中的 AWS Driver Resources 页面，来了解如何通过 Chef 与各种 AWS 服务进行交互，页面地址是：https://docs.chef.io/provisioning_aws.html。该页面如下图所示。

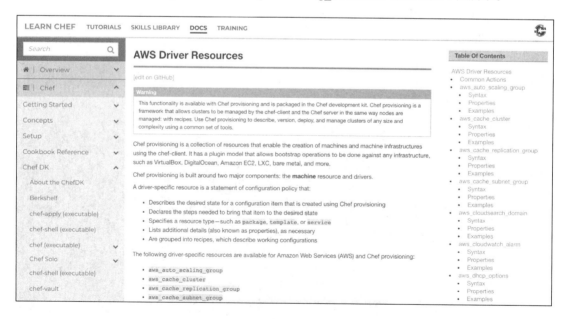

(5) 也可以参考 aws Cookbook。它拥有非常好的文档，并提供了丰富的 API 来与多个 AWS 服务进行交互。其文档地址是：https://supermarket.chef.io/cookbooks/aws。其页面如下图所示。

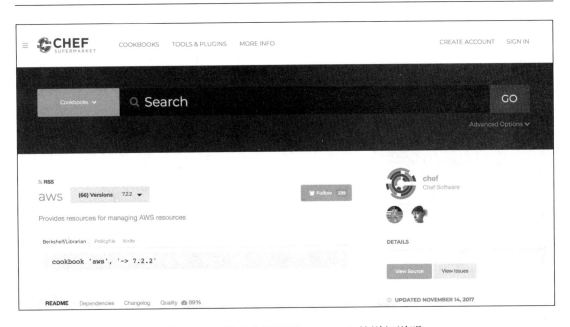

(6) 页面下部 cookbook 标题下面的内容展示了 cookbook 的详细说明。

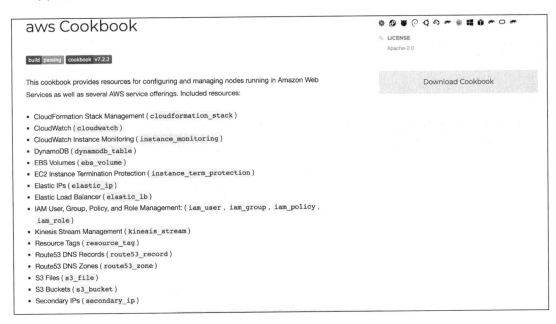

(7) Ansible 是另一个用于配置和编排软件资源的强大工具。它能够帮助软件工程师编写代码，从而通过 yaml 脚本将其基础设施自动化。与 Chef 环境类似，这些脚本也被称为 cookbook。

(8) 接下来使用该工具来配置我们的基础设施。可以访问https://docs.ansible.com/获取 Ansible 的文档。

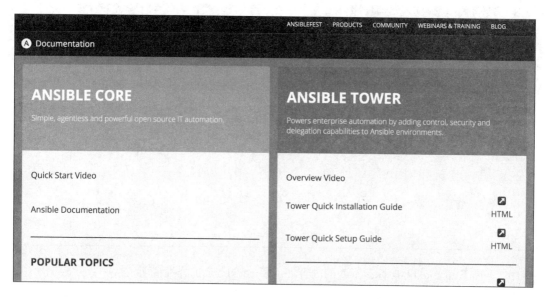

(9) ANSIBLE TOWER 不在本书讨论范围内。我们主要学习 ANSIBLE CORE，它是 Ansible 及其母公司 Red Hat 的旗舰产品。

(10) Ansible 提供了一个非常有用的视频教程，可以帮助你更好地理解这个工具。在文档页面单击 Quick Start Video 链接即可访问视频教程。

(11) 观看视频之后，还可以继续通过文档来了解该产品。Ansible 的完整文档地址是：https://docs.ansible.com/ansible/latest/index.html。

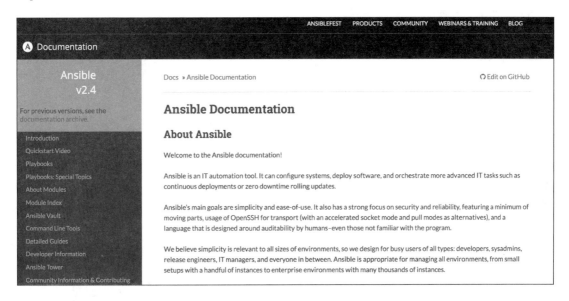

(12) 使用 EC2 模块来配置和编排我们的 AWS EC2 实例。其文档非常清楚地解释和演示了如何启动和终止 EC2 实例，以及如何添加和安装 volume；它还使我们能够在自己的**虚拟私有云**（VPC）或者**安全组**（SG）中使用我们的 EC2 实例。EC2 文档如下图所示。

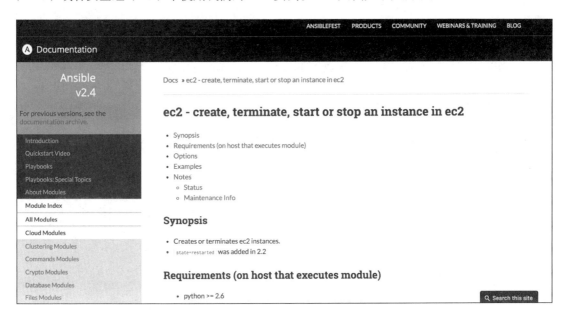

(13) 可以访问https://docs.ansible.com/ansible/latest/modules/ec2_module.html获取 Ansible Core 的文档。在文档中你可以看到丰富的示例，这些示例会教你如何使用 Ansible 的 EC2 模块来执行 AWS EC2 实例的各种任务。其中一些示例如下图所示。

6.2 服务器的创建和终止

在本章中，我们将学习如何使用一些第三方工具来构建所需的架构。与本章的其他各节一样，我们将分步骤来学习。

(1) 我们要学习的第一个工具是 Ansible。它是一个供应和编排工具，有助于实现基础架构各部分的自动化。Ansible 项目的主页是https://www.ansible.com/，如下图所示（因你阅读本书的时间而可能有所不同）。

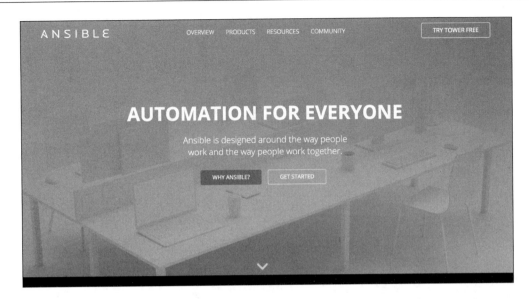

(2) Ansible 的安装过程根据操作系统的不同而存在差异。在一些常用的操作系统中，其安装方法如下。

❑ Ubuntu

```
sudo apt-get update
sudo apt-get install software-properties-common
sudo apt-add-repository ppa:ansible/ansible
sudo apt-get update
sudo apt-get install ansible
```

❑ Linux

```
git clone https://github.com/ansible/ansible.git
cd ./ansible
make rpm
sudo rpm -Uvh ./rpm-build/ansible-*.noarch.rpm
```

❑ OS X

```
sudo pip install ansible
```

(3) 现在来了解一下 nohup 的概念。想要运行 nohup 命令，并不需要与服务器保持持久的 SSH 连接，所以我们将使用这种技术来运行我们的主服务器架构（可以搜索维基百科来了解更多有关 nohup 的信息）。

 当我编写本书时，维基百科对 nohup 的定义是：nohup 是一个忽略 HUP（挂起）信号的 POSIX 命令。通俗来讲，HUP 信号是终端警告注销过程的方式。

(4) 现在来学习如何使用 Ansible 配置服务器，通过 SSH 登录服务器，在服务器上运行简单的 `apt-get update` 任务，以及终止服务器。通过这些内容，你可以学会如何编写 Ansible 脚本，并了解 Ansible 如何处理云资源的配置。下面的 Ansible 脚本将帮助你了解如何配置 EC2 实例。

```yaml
- hosts: localhost
  connection: local
  remote_user: test
  gather_facts: no

  environment:
    AWS_ACCESS_KEY_ID: "{{ aws_id }}"
    AWS_SECRET_ACCESS_KEY: "{{ aws_key }}"

    AWS_DEFAULT_REGION: "{{ aws_region }}"

  tasks:
- name: Provisioning EC2 instaces
  ec2:
    assign_public_ip: no
    aws_access_key: "{{ access_key }}"
    aws_secret_key: "{{ secret_key }}"
    region: "{{ aws_region }}"
    image: "{{ image_instance }}"
    instance_type: "{{ instance_type }}"
    key_name: "{{ ssh_keyname }}"
    state: present
    group_id: "{{ security_group }}"
    vpc_subnet_id: "{{ subnet }}"
    instance_profile_name: "{{ Profile_Name }}"
    wait: true
    instance_tags:
      Name: "{{ Instance_Name }}"
    delete_on_termination: yes
    register: ec2
    ignore_errors: True
```

双花括号`{{ }}`中的值需要根据你的需求来填写。上面的代码将在控制台中创建一个 EC2 实例，并根据`{{ Instance_Name }}`中的内容来命名。

(5) ansible.cfg 文件中包含了所有细节，比如控制路径、转发代理的相关细节，以及 EC2 实例密钥的路径。ansible.cfg 文件的内容如下：

```
[ssh_connection]
ssh_args=-o ControlMaster=auto -o ControlPersist=60s -o ControlPath=/tmp/ansible-ssh-%h-%p-%r -o ForwardAgent=yes

[defaults]
private_key_file=/path/to/key/key.pem
```

(6) 使用 `ansible-playbook -vvv < name-of-playbook >.yml` 执行此代码，可以看到 EC2 控制台中成功创建了 EC2 实例。

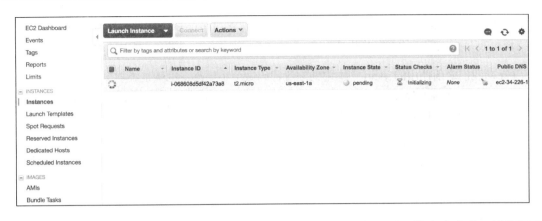

(7) 现在，通过 Ansible 终止刚刚创建的实例。这也可以通过 Ansible 脚本来完成，就像配置实例那样。下面的代码将执行此操作。

```
tasks:
  - name: Terminate instances that were previously launched
    connection: local
    become: false
    ec2:
      state: 'absent'
      instance_ids: '{{ ec2.instance_ids }}'
      region: '{{ aws_region }}'
    register: TerminateWorker
    ignore_errors: True
```

(8) 此时，你可以看到控制台中的实例被终止了。你会发现配置和终止实例的代码有很多类似之处，你可以通过复制和粘贴来最大限度地复用相同的代码。

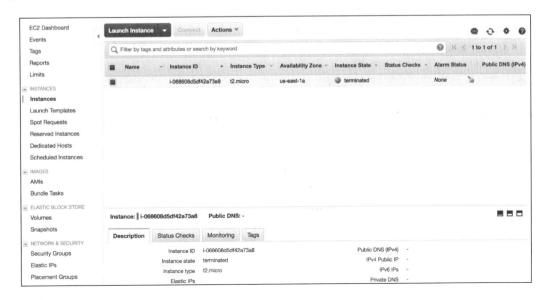

第 6 章 扩展 Serverless 架构

至此,我们已成功学习了如何通过 Ansible 脚本配置和终止 EC2 实例。我们将利用这些知识来实现对 EC2 实例的配置和终止操作。

(9) 对我们之前使用的 yaml 脚本中的配置代码做个小更改,也就是添加 `count` 参数,即可同时配置多个服务器(EC2 实例)。以下代码可以配置 jinja 模板中的实例数量,它在 `count` 参数旁边,在本例中,也就是 `ninstances`。

```
- hosts: localhost
  connection: local
  remote_user: test
  gather_facts: no

  environment:
    AWS_ACCESS_KEY_ID: "{{ aws_id }}"
    AWS_SECRET_ACCESS_KEY: "{{ aws_key }}"
    AWS_DEFAULT_REGION: "{{ aws_region }}"

  tasks:
  - name: Provisioning EC2 instaces
    ec2:
      assign_public_ip: no
      aws_access_key: "{{ access_key }}"
      aws_secret_key: "{{ secret_key }}"
      region: "{{ aws_region }}"
      image: "{{ image_instance }}"
      instance_type: "{{ instance_type }}"
      key_name: "{{ ssh_keyname }}"
      count: "{{ ninstances }}"
      state: present
      group_id: "{{ security_group }}"
      vpc_subnet_id: "{{ subnet }}"
      instance_profile_name: "{{ Profile_Name }}"
      wait: true
      instance_tags:
        Name: "{{ Instance_Name }}"
      delete_on_termination: yes
    register: ec2
```

(10) 我们已经准备好了 Ansible 脚本,现在使用它来启动 Lambda 函数。为此,我们将利用 `nohup` 的相关知识。

(11) 在 Lambda 函数中,你需要做的就是编写用于创建服务器的相关逻辑,然后使用库 `paramiko` 做一些基本的安装,之后以 `nohup` 模式运行 Ansible 脚本,如下所示。

```
import paramiko
import boto3
import logging

logger = logging.getLogger(__name__)
```

```python
logger.setLevel(logging.CRITICAL)
region = 'us-east-1'
image = 'ami-<>'
ubuntu_image = 'ami-<>'
keyname = '<>'

def lambda_handler(event, context):
    credentials = {<>}
    k = paramiko.RSAKey.from_private_key_file("<>")
        c = paramiko.SSHClient()
    c.set_missing_host_key_policy(paramiko.AutoAddPolicy())
    logging.critical("Creating Session")
    session = boto3.Session(credentials['AccessKeyId'],
        credentials['SecretAccessKey'],
        aws_session_token=credentials['SessionToken'],
region_name=region)
    logging.critical("Created Session")
    logging.critical("Create Resource")
    ec2 = session.resource('ec2', region_name=region)
    logging.critical("Created Resource")
    logging.critical("Key Verification")

    key = '<>'
    k = paramiko.RSAKey.from_private_key_file(key)
    c = paramiko.SSHClient()
    c.set_missing_host_key_policy(paramiko.AutoAddPolicy())
    logging.critical("Key Verification done")
    # 生成签名 URL，把 EC2 键从一个 S3 存储桶下载到 master 中
    s3client = session.client('s3')

# 签名 url，从 S3 存储桶中下载服务器的 pem 文件
    url = s3client.generate_presigned_url('get_object',
Params={'Bucket': '<bucket_name>', 'Key':
'<file_name_of_key>'},
ExpiresIn=300)
    command = 'wget ' + '-O <>.pem ' + "'" + url + "'"
    logging.critical("Create Instance")
while True:
    try:
        logging.critical("Trying")
        c.connect(hostname=dns_name, username="ubuntu", pkey=k)
    except:
        logging.critical("Failed")
    continue
        break
    logging.critical("connected")

    if size == 0:
        s3client.upload_file('<>.pem', '<bucket_name>',
'<>.pem')
    else:
        pass
    set_key = credentials['AccessKeyId']
    set_secret = credentials['SecretAccessKey']
```

```
        set_token = credentials['SessionToken']

    # 定义在服务器 SSH 会话中运行的指令
        commands = [command,
        "sudo apt-get -y update",
        "sudo apt-add-repository -y ppa:ansible/ansible",
        "sudo apt-get -y update",
        "sudo apt-get install -y ansible python-pip git awscli",
        "sudo pip install boto markupsafe boto3 python-dateutil
        futures",
        "ssh-keyscan -H github.com >> ~/.ssh/known_hosts",
        "git clone <repository where your ansible script is>
        /home/ubuntu/<>/",
        "chmod 400 <>.pem",
        "cd <>/<>/; pwd ; nohup ansible-playbook -vvv provision.yml >
        ansible.out 2> ansible.err < /dev/null &"]

    # 运行指令
        for command in commands:
            logging.critical("Executing %s", command)
    stdin, stdout, stderr = c.exec_command(command)
            logging.critical(stdout.read())
            logging.critical("Errors : %s", stderr.read())
            c.close()
        return dns_name
```

6.3 最佳安全实践

对于微服务来说，保证高级别的安全性非常重要。在设计软件安全层时，你需要具备多方面的知识。工程师需要为每个服务定义安全协议，并制定服务之间数据交互和传输的协议。

在构建分布式 Serverless 系统之前，你必须对各方面的因素了然于胸。在分布式 Serverless 系统中，几乎每个 Ansible 任务都是一个微服务。在本节中，我们将学习如何构建安全协议，并使用 AWS 的一些内置服务来对其实施监控。

我们将一步一步学习如何为我们的 Serverless 架构编写安全协议。

(1) 首先，当使用 Boto 在 AWS Python 脚本中创建会话时，请使用 AWS Secure Token Service（STS）创建临时凭证。AWS Secure Token Service 能够为特定的时间段创建临时凭证。

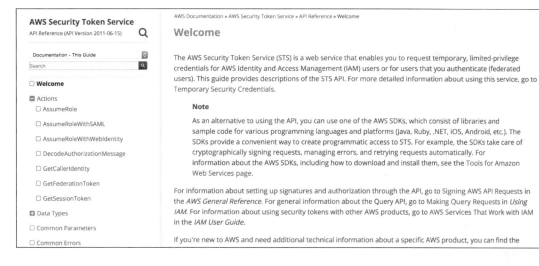

 可以访问网址 https://docs.aws.amazon.com/STS/latest/APIReference/Welcome.html 查看 STS 的文档。

(2) STS 服务的 AssumeRole API 让程序员能够把 IAM 应用到他们的代码中。

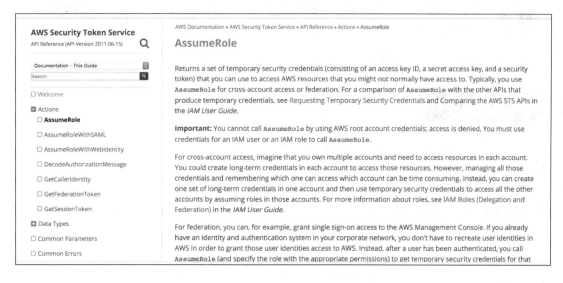

 可以访问网址 https://docs.aws.amazon.com/STS/latest/APIReference/API_AssumeRole.html 阅读 AssumeRole API 的文档。

(3) 在 boto3 文档中可以引用 Python 版本。

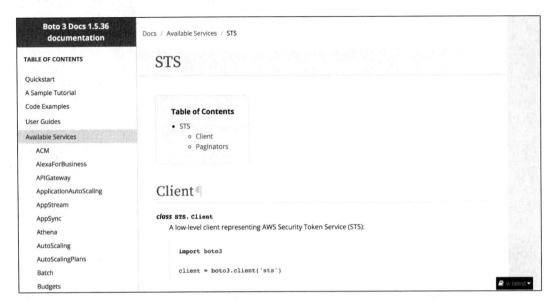

 boto3 文档的地址是 https://boto3.amazonaws.com/v1/documentation/api/latest/reference/services/sts.html。

(4) 在页面下部，可以找到 Python 中 AssumeRole API 的用法。

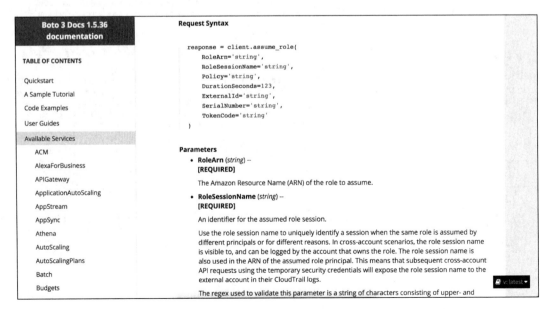

(5) 应该采取适当的身份验证措施,以保证微服务之间以及微服务与其他 AWS 资源之间数据交换的安全性。例如,开发人员可以配置 S3 存储桶来限制一些行为,比如未加密的上传、下载和不安全的文件传输。存储桶策略可以按如下方式编写,以确保各方面都考虑周全。

```
{
    "Version": "2012-10-17",
    "Id": "PutObjPolicy",
    "Statement": [
    {
        "Sid": "DenyIncorrectEncryptionHeader",
        "Effect": "Deny",
        "Principal": "*",
        "Action": "s3:PutObject",
        "Resource": "arn:aws:s3:::<bucket_name>/*",
        "Condition": {
            "StringNotEquals": {
                "s3:x-amz-server-side-encryption": "aws:kms"
            }
        }
    },
    {
        "Sid": "DenyUnEncryptedObjectUploads",
        "Effect": "Deny",
        "Principal": "*",
        "Action": "s3:PutObject",
        "Resource": "arn:aws:s3:::<bucket_name2>/*",
        "Condition": {
            "Null": {
                "s3:x-amz-server-side-encryption": "true"
            }
        }
    },
    {
        "Sid": "DenyNonSecureTraffic",
        "Effect": "Deny",
        "Principal": "*",
        "Action": "s3:*",
        "Resource": "arn:aws:s3:::<bucket_name>/*",
        "Condition": {
            "Bool": {
                "aws:SecureTransport": "false"
            }
        }
    },
    {
        "Sid": "DenyNonSecureTraffic",
        "Effect": "Deny",
        "Principal": "*",
        "Action": "s3:*",
        "Resource": "arn:aws:s3:::<bucket_name2>/*",
        "Condition": {
            "Bool": {
```

```
                    "aws:SecureTransport": "false"
                }
            }
        }
    ]
}
```

(6) 编写完存储桶策略之后，可以在 S3 的 Bucket Policy（存储桶策略）部分对其进行更新。

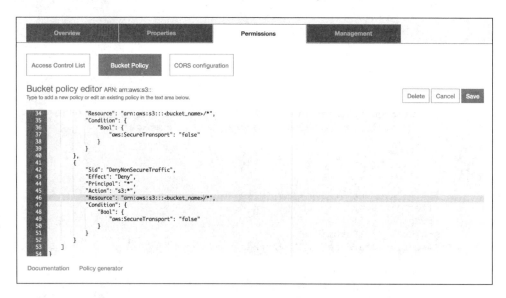

(7) AWS Config（配置 AWS）提供了一个非常有用的接口来监控各种安全威胁，能够帮助我们有效避免或者捕获这些安全威胁。AWS Config 的仪表盘如下图所示。

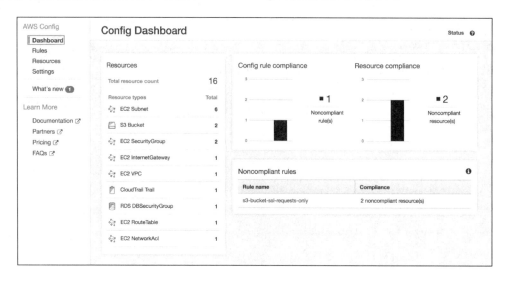

(8) 可以看到仪表盘中显示了 2 no-compliant resource(s)，这意味着我的两个 AWS 资源与我的配置规则不符。这些规则如下所示。

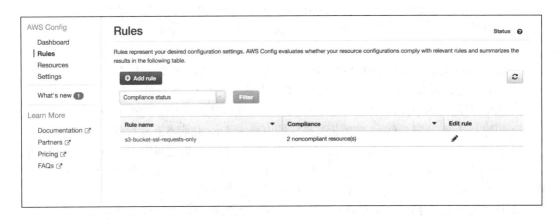

这意味着我的两个 AWS S3 存储桶并未通过存储桶策略启用 SSL 请求。单击 Rules（规则）链接，可以看到更多的详细信息，比如存储桶名称，以及这些配置被更改的时间戳。

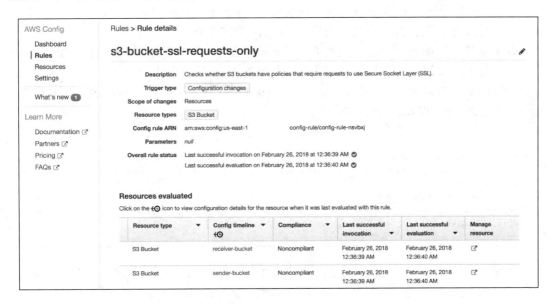

6.4 扩展的难点及解决方案

扩展分布式 Serverless 系统存在一系列工程障碍和问题，而 Serverless 系统的概念仍然非常稚嫩，这意味着大部分问题仍未解决。但是，这不应该阻止我们试图去解决这些问题。

我们将尝试理解其中的一些障碍并学习如何解决它们，如下所述。

- 与其说是障碍，不如说是架构错误。因为有太多的架构师和软件工程师曾跌入高估或低估的陷阱，所以解决这个问题变得非常重要。我们将尝试解决的问题是扩展时需要启动的实例数。在大多数自托管的 MapReduce 风格的系统中，它都是开箱即用的。
- 通过适当地对不同类型实例的工作负载进行基准测试，可以解决此问题，并实现相应的扩展。让我们通过一个机器学习管道的例子来理解它。通过基准测试，我们得知 m3.medium 实例可以在 10 分钟内处理 100 个文件。假如我有 202 个文件，想要在 10 分钟内处理完，那么我需要两个这样的实例来处理这些文件。即使我们事先不知道工作量，也可以写一个 Python 脚本来从数据存储位置中获取数据量，比如 SQS 队列指针、S3 存储桶或者其他一些数据库，然后把数据量的值输入 Ansible 脚本并运行脚本。
- 我们已经学习了在大型 Serverless 系统中处理安全性，所以这里略作说明。在大型分布式 Serverless 系统工作时，往往会有复杂的数据移动发生。正如前文中所提到的那样，使用适当的安全协议并对它们进行监控有助于克服这个困难。
- 日志记录也是分布式 Serverless 系统的主要难点所在，它也没有完全解决。当工作完成时，系统和容器便被销毁，日志记录将会变成一项非常艰巨的任务。可以通过多种方式来记录任务的运行信息。最常用的方法是分别记录每个 Ansible 任务，最后一个 Ansible 任务是压缩日志并将压缩文件发送到数据存储系统中，比如 S3 或者 Logstash。该方法能够捕获任务执行过程，并把整个日志记录到一个文件中。
- 监控与日志记录很类似。对这些系统进行监控也是一个未解决的主要问题。由于服务器在任务运行完成后全部终止，我们无法从服务器轮询历史日志，也不可能容忍延迟。按顺序监控 Ansible 的每个任务，每个任务根据上一个任务成功执行与否发送一个自定义的指标到 CloudWatch，如下图所示。

```
- name: OnDemandProvision on success
  command: aws cloudwatch put-metric-data --metric-name OnDemandProvision[M] --namespace Ansible --value 1
  when: ec2|succeeded
- name: OnDemandProvision on failure
  command: aws cloudwatch put-metric-data --metric-name OnDemandProvision[M] --namespace Ansible --value 0
  when: ec2|failed
```

- 调试也是一件令人沮丧的事。这是因为整个系统很快就终止了，如果你动作不够快，那么就无法查看日志。不过好在 Ansible 能够提供非常详细的调试日志，哪怕有多个实例也不在话下。
- 一些基本的 Unix 技术可以帮助处理这些问题。其中最重要的一项技术是使用 `tail` 命令来监控日志文件的尾部，尾部大约有 50 行。这个方法能够帮助我们看到最新的日志，我们可以始终监视 Ansible 的运行信息。

6.5 小结

在本章中，我们学习了如何扩展 Serverless 以使其成为大规模分布式 Serverless 基础设施，以及如何通过已有的知识来构建和部署 Lambda 基础设施，以应对高负载。

我们还学会了使用 nohup 的概念，利用 Lambda 函数构建可执行并行计算的主从服务器架构。此外还学会了如何使用配置和编排工具（比如 Ansible 和 Chef）来生成和编排多个 EC2 实例。

本章中的知识将为我们构建能够高速处理大量数据和请求的复杂基础设施打下坚实的基础。这将使你能够操作紧密交织在一起的多个微服务，也能帮助你构建 MapReduce 风格的系统，并使其与其他 AWS 服务进行交互并实现无缝连接。

第 7 章 AWS Lambda 的安全性

我们已经学习了如何在 AWS Lambda 中构建和配置 Serverless 函数，以及如何使用第三方工具来对其进行扩展，还仔细研究了微服务的工作原理，以及如何在保证速度和弹性的同时确保其安全性。

在本章中，我们将了解 AWS 环境中的安全性，还将了解 AWS VPC、安全组、子网等服务的工作原理。

本章包括以下主题：

- 了解 AWS VPC
- 了解 VPC 中的子网
- 在私有子网内保护 Lambda
- Lambda 函数的访问控制
- 在 Lambda 中使用 STS 执行安全会话

7.1 了解 AWS VPC

在本节中，我们将学习 AWS VPC。VPC（虚拟私有云）是 AWS 环境安全层中一个非常常见的组件；它们是云平台的一个独立模块，用户可以用它来托管自己的服务并构建基础设施。VPC 是第一个安全层。我们将通过 Lambda 函数的上下文来理解 VPC。

(1) 可以在 AWS 的 VPC 服务仪表盘中创建和修改 VPC，如下图所示。

(2) 我们快速学习一下如何创建一个自己的 VPC。首先你需要单击 Create VPC（创建 VPC）。接下来，你将看到一个弹出框，它会要求你为这个新的 VPC 输入更多的元信息。

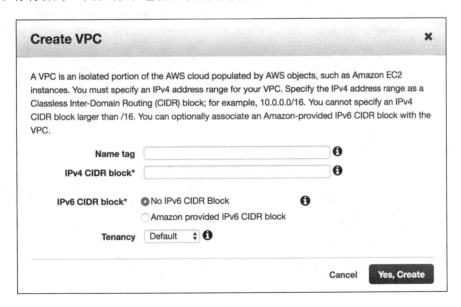

(3) 你需要在 Name tag（名称标签）框中输入 VPC 的名称。在 IPv4 CIDR block 中输入 CIDR（无类别域间路由）的 IP 范围。然后你可以选择是否需要 IPv6 CIDR 块。你也可以选择 Tenancy 设置；它定义了 EC2 实例在 VPC 中的运行方式，以及相应的共享资源。

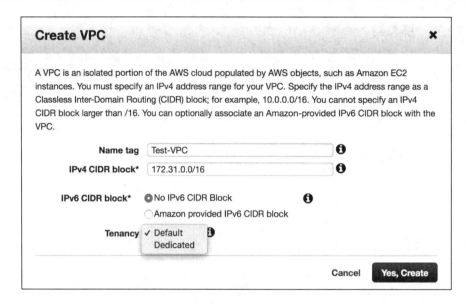

(4)我们已成功创建了 VPC，将它命名为 Test-VPC，并进行了必要的设置。可以在仪表盘中看到它的所有相关设置信息。

(5)你还可以看到 VPC 的汇总信息，包括 IPv4 设置、网络访问控制列表（ACL）设置、动态主机配置协议（DHCP）选项，以及 DNS 设置。可以根据需求来配置这些信息。还可以在下一个 CIDR Blocks 选项卡下面看到 IPv4 CIDR 块。

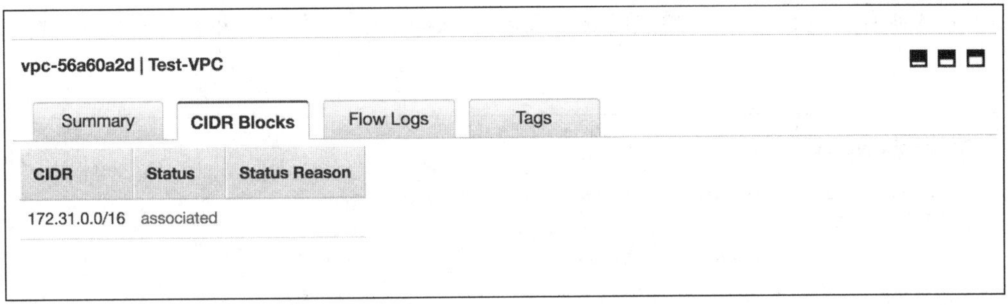

(6) 我们还可以创建 VPC 流日志，记录进出 VPC 的流量和数据。这样的日志管理非常强大，它能够确保安全性，并提供更好的监控能力。目前尚未设置流日志。

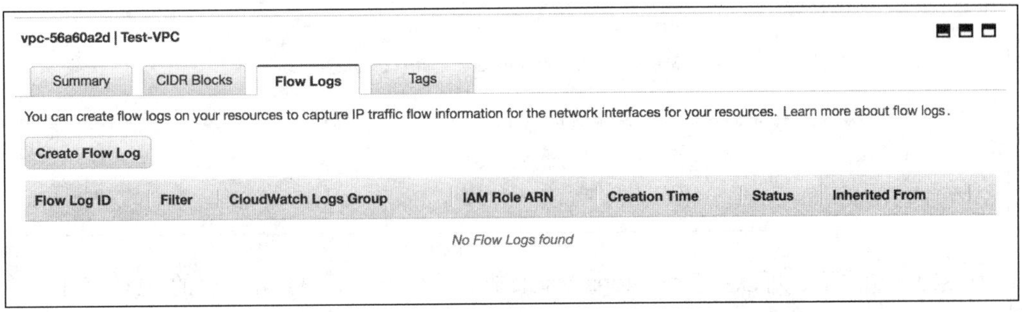

(7) 单击页面底部的 Create Flow Log（创建流日志）按钮即可创建 VPC 流日志。这将打开一个流日志创建向导，你可以在其中输入各种设置的详细信息。创建向导如下图所示。

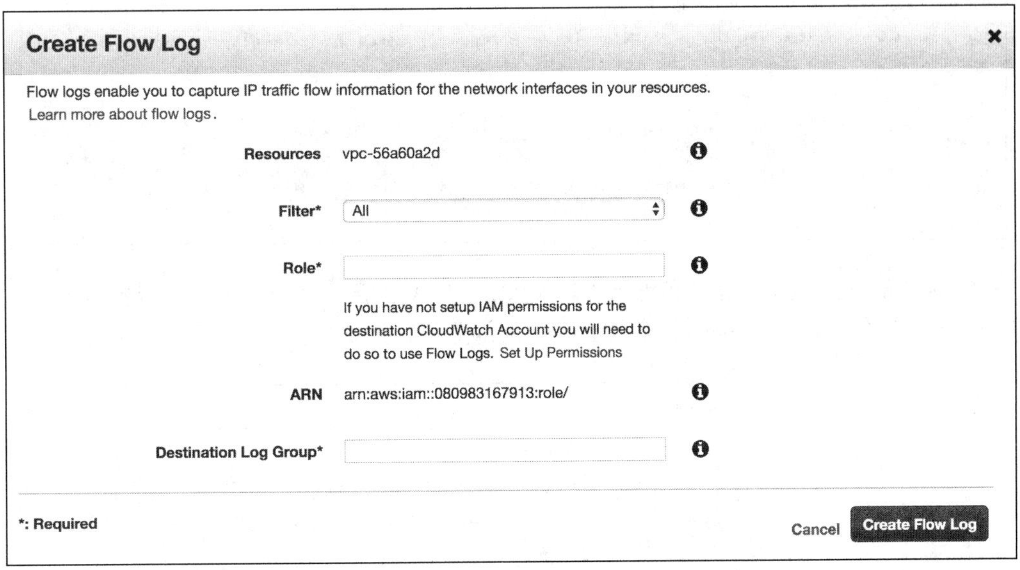

(8) 输入所有详细信息之后，单击底部的 Create Flow Log 选项，即可根据设置信息创建 VPC 流日志。

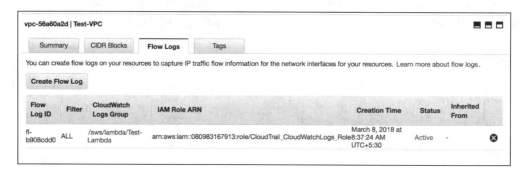

(9) 创建成功之后，可以在 Flow Logs（流日志）选项卡下面看到新创建的 VPC 流日志，如下图所示。

(10) 现在从 AWS Lambda 的角度来理解 VPC。与 AWS 资源一样，Lambda 函数也可以托管在 VPC 中。可以在 AWS Lambda 函数的 Network 部分下看到设置信息，如下图所示。

(11) 可以从下拉列表中选择一个用来托管 Lambda 函数的 VPC。

(12) 选择 VPC 之后，它会进一步询问你一些详细信息，比子网、安全组等，如下图所示。我们将在下一节中学习子网，因此稍后将为我们的 Lambda 函数配置 VPC。

7.2 了解 VPC 中的子网

在本节中，我们将详细了解 AWS 子网，它是 AWS VPC 的一个重要部分。VPC 可以进一步划分为多个子网。这些子网既可以是公共的，也可以是私有的，具体取决于架构的安全需求。我

144 第 7 章 AWS Lambda 的安全性

们将从 AWS Lambda 函数的角度来了解子网的概念。

我们将执行以下步骤。

(1) 可以通过 VPC 页面跳转到 Subnets（子网）菜单。你需要在页面左侧单击 Your VPCs（你的 VPC）选项下的 Subnets 选项。

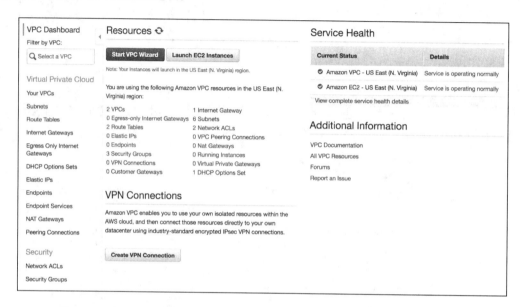

(2) 这将打开子网控制台界面，你可以在该页面中看到一些已有的子网。它们是你所在地区的每个可用区域的默认子网。

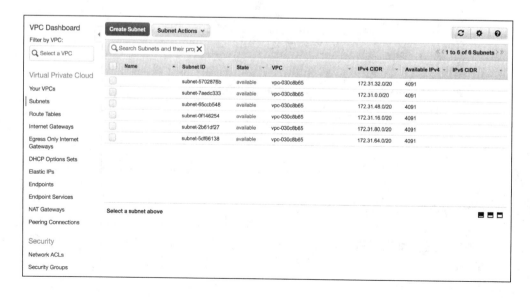

（3）现在，要创建新的子网，需要单击控制台左上角的蓝色 Create Subnet（创建子网）按钮。在该创建向导中，需要输入以下详细信息：子网的名称、具体的 VPC、可用区域以及首选的 IPv4 CIDR 块。我为自己的子网选择了上一节中创建的 VPC。

（4）在创建向导中单击右下角的 Yes, Create（是，创建）按钮，创建新的子网。你可以在控制台的子网列表中看到它。

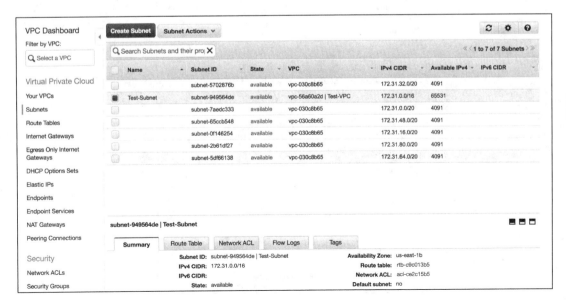

(5) 我们已经为我们的 Lambda 函数创建了 VPC 和子网，现在对其进行安全设置。目前，AWS Lambda 的网络设置如下图所示。

(6) 添加所需的设置（包括 VPC、子网、安全组的详细信息）之后，Lambda 函数的网络设置将如下图所示。

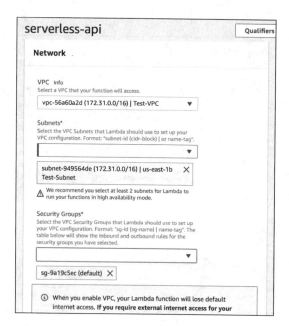

(7) 完成 Lambda 函数的网络设置之后,单击 Lambda 控制台右上角的橙色 Save 按钮,保存 Lambda 函数的设置。

7.3　在私有子网内保护 Lambda

私有子网不会向外网开放。它们的流量都通过同一 VPC 中的公有子网使用路由表进行路由。接下来学习如何将我们的 Lambda 函数定位在私有子网中以添加额外的安全层。

(1) 默认情况下,在 AWS 控制台中创建的子网不是私有的。看看我们刚刚创建的子网的详细信息,即可确认这一点。

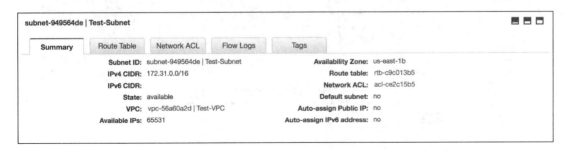

(2) 单击 Route Table(路由表)选项卡即可显示子网的路由设置,它展示了可接受的流量类型。

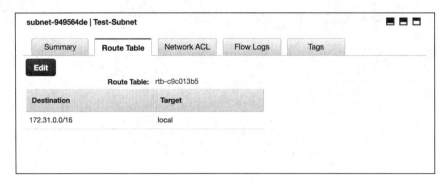

(3) 在 Network ACL（网络 ACL）选项卡中，可以看到系统为我们的子网分配的网络规则。可以看到子网是完全开放的（0.0.0.0/0）。为了将我们的子网变为私有，需要对它做一些调整。

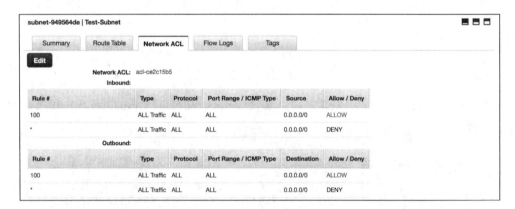

(4) 单击控制台左侧的链接，进入 Network ACLs 控制台，如下图所示。

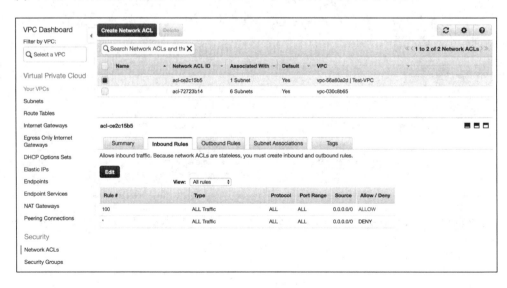

7.3 在私有子网内保护 Lambda　149

(5) 单击蓝色的 Create Network ACL（创建网络 ACL）按钮，创建一个新的 ACL。选择我们的 VPC，然后在创建向导中输入 ACL 的名称。

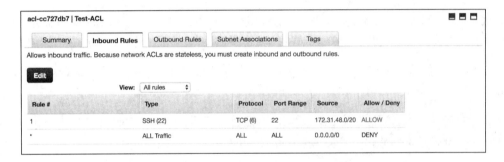

(6) 现在，在新 ACL 的 inbound 规则中，添加以下规则。在 Source 部分，添加公有子网的 IPv4 设置，然后单击 Save。

(7) 用新的 ACL 替换当前子网的 ACL，即可将我们的子网变成私有子网。

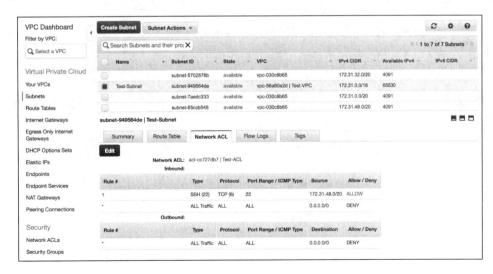

现在，我们的 Lambda 函数处在私有子网中，这样它会变得更加安全。

7.4 Lambda 函数的访问控制

我们已经完成了所有必要的安全设置，以保证我们的 Lambda 函数和 Serverless 架构的安全性。工程师在设计 Serverless 系统时，为了保证系统的安全性，需要把以下内容铭记在心。

- 可以在 Lambda 函数的 Network 部分下添加 VPC 和子网设置。
- 出于容错的目的，建议将 Lambda 函数置于两个以上的子网中。当然，这并非强制性的。
- 如果要将 Lambda 函数置于私有子网中，需要保证私有子网从 VPC 的公有子网中接收的流量是恰当的。否则，Lambda 函数将被锁在外面。

7.5 在 Lambda 中使用 STS 执行安全会话

从 Lambda 函数中访问其他 AWS 服务和组件时，可以使用 AWS 的**简单令牌服务（STS）**来保证会话的安全性。我们已经在代码中讨论和使用了 STS 凭证，你可以通过文档详细了解它。

AWS STS 的官方文档可帮助你进一步了解基于会话的访问方式：https://docs.aws.amazon.com/IAM/latest/UserGuide/id_credentials_temp.html。

关于在 Python 代码中使用 STS 凭证的方法，可以阅读 Boto3 Python 文档：https://boto3.amazonaws.com/v1/documentation/api/latest/index.html。

7.6 小结

在本章中，我们深入了解了 Lambda 函数中的安全性原理，还了解了 VPC 和子网在 AWS 环境中的工作原理。我们成功创建了一个 VPC，还分别创建了公有子网和私有子网。这会让你从整个 AWS 的角度更好地了解安全性的工作原理。

我们还学习了如何将 Lambda 函数置于本章创建的 VPC 和子网中，了解了如何在 VPC 和子网中处理和路由流量。

最后学习了如何使用 Python 代码基于会话访问其他 AWS 组件，以实现更好的安全性。

在下一章中，你将学习 Serverless 应用程序模型（SAM），以及如何编写 SAM 模型并通过它们来部署 Lambda 应用程序。

第 8 章 使用 SAM 部署 Lambda 函数

到目前为止，我们已经了解了 Lambda 函数以及它们的构建方式。我们知道 Lambda 函数拥有一组触发器，能够触发相应的函数来执行特定的任务。任务被编写为 Python 模块，我们将该脚本称为函数。我们还了解了 Lambda 函数的不同设置，包括核心设置和其他设置，例如安全性和网络设置。

此外，还有一种创建和部署 Lambda 函数的方法，即 AWS Serverless 应用程序模型（AWS SAM）。它主要基于**基础设施即代码**的理念，而该理念的灵感源自 AWS CloudFormation，AWS CloudFormation 是**基础设施即代码**的一种形式。

我们将学习 AWS CloudFormation，并使用该知识来理解和构建用于创建 Lambda 函数的 AWS SAM 模型。本章主要包含以下内容：

- 部署 Lambda 函数
- 将 CloudFormation 用于 Serverless 服务
- 使用 SAM 进行部署
- 了解 SAM 中的安全性

8.1 SAM 简介

在本节中，我们将学习 SAM，它将有助于我们构建和部署 Serverless 函数。

(1) 如前所述，SAM 是将基础设施编写为代码。因此，Lambda 函数在 SAM 中将被描述为：

```
AWSTemplateFormatVersion: '2010-09-09'
Transform: AWS::Serverless-2016-10-31
Resources:
    < Name of function >:
        Type: AWS::Serverless::Function
        Properties:
            Handler: < index.handler >
            Runtime: < runtime >
            CodeUri: < URI of the bucket >
```

(2) 在这段代码中，我们输入了详细信息（函数的名称、托管代码包的 S3 存储桶的 URI）。与 Lambda 函数的设置类似，我们在此同样需要输入索引和处理程序的名称。函数代码所在的文件为 index.handler。编写 Lambda 逻辑的函数的名称为 `Handler`。此外，我们还自定义了 `Runtime`。你可以从 AWS Lambda 支持的编程语言中随意选择。本书主要基于 Python 语言，因此我们将使用 Python 版本。

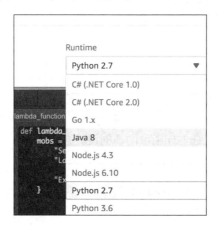

(3) 还可以在 Lambda 函数中添加环境变量，如下所示。我们可以灵活地编辑和配置这些变量，就像添加、更新和删除代码一样，这正是用基础设施即代码的风格构建基础设施的另一个优势。

```
AWSTemplateFormatVersion: '2010-09-09'
Transform: AWS::Serverless-2016-10-31
Resources:
    PutFunction:
        Type: AWS::Serverless::Function
        Properties:
            Handler: index.handler
            Runtime: < runtime >
            Policies: < AWSLambdaDynamoDBExecutionRole >
            CodeUri: < URI of the zipped function package >
            Environment:
                Variables:
                    TABLE_NAME: !Ref Table
DeleteFunction:
    Type: AWS::Serverless::Function
     Properties:
        Handler: index.handler
        Runtime: nodejs6.10
        Policies: AWSLambdaDynamoDBExecutionRole
         CodeUri: s3://bucketName/codepackage.zip
        Environment:
            Variables:
                TABLE_NAME: !Ref Table
        Events:
            Stream:
```

```
              Type: DynamoDB
              Properties:
                  Stream: !GetAtt DynamoDBTable.StreamArn
                  BatchSize: 100
                  StartingPosition: TRIM_HORIZON
DynamoDBTable:
    Type: AWS::DynamoDB::Table
    Properties:
        AttributeDefinitions:
            - AttributeName: id
              AttributeType: S
        KeySchema:
            - AttributeName: id
              KeyType: HASH
        ProvisionedThroughput:
            ReadCapacityUnits: 5
            WriteCapacityUnits: 5
        StreamSpecification:
            StreamViewType: streamview type
```

（4）前面的 SAM 代码调用了两个指向 AWS DynamoDB 表的 Lambda 函数。整个 SAM 代码是一个由两个 Lambda 函数组成的应用程序。你需要输入必要的详细信息才能让它运行起来。我们需要为 `Runtime` 配备可用的 `Python` 运行时，还需要在 `Policies` 部分配置相应的策略来处理 `DynamoDB` 表。此外，还需要使用代码包的 S3 URI 来配置 `CodeUri` 部分。

（5）需要注意的是，所有 SAM 都应该包含元信息，比如 `AWSTemplateFormatVersion` 和 `Transform`。这可以向 `CloudFormation` 表明你编写的代码是 AWS SAM 代码和一个 Serverless 应用程序。代码如下：

```
AWSTemplateFormatVersion: '2010-09-09'
Transform: AWS::Serverless-2016-10-31
```

（6）如果你的 Serverless 函数需要访问单个的 `DynamoDB` 表，你可以使用 SAM 函数的 `SimpleTable` 属性创建一个 `DynamoDB` 表。代码如下：

```
AWSTemplateFormatVersion: '2010-09-09'
Transform: AWS::Serverless-2016-10-31
Resources:
    < TableName >:
        Type: AWS::Serverless::SimpleTable
        Properties:
            PrimaryKey:
                Name: id
                Type: String
            ProvisionedThroughput:
                ReadCapacityUnits: 5
                WriteCapacityUnits: 5
```

（7）现在学习如何创建带有触发器的 Lambda 函数。由于我们已经在示例中使用了 `DynamoDB`，所以在这一步中我们将其用作触发器。相应的 SAM 代码如下所示：

```yaml
AWSTemplateFormatVersion: '2010-09-09'
Transform: AWS::Serverless-2016-10-31
Resources:
    < Name of the function >:
        Type: AWS::Serverless::Function
        Properties:
            Handler: index.handler
            Runtime: < runtime >
            Events:
                Stream:
                    Type: DynamoDB
                    Properties:
                        Stream: !GetAtt DynamoDBTable.StreamArn
                        BatchSize: 100
                        StartingPosition: TRIM_HORIZON
< Name of the table >:
    Type: AWS::DynamoDB::Table
    Properties:
        AttributeDefinitions:
            - AttributeName: id
              AttributeType: S
        KeySchema:
            - AttributeName: id
              KeyType: HASH
        ProvisionedThroughput:
            ReadCapacityUnits: 5
            WriteCapacityUnits: 5
```

8.2 将 CloudFormation 用于 Serverless 服务

在本节中，我们将了解如何使用 CloudFormation 构建和部署 Lambda 函数。我们将执行以下操作。

(1) 为 Lambda 函数编写一个 CloudFormation 模板，它会定时 ping 一个网站，如果出错则显示错误信息。CloudFormation 模板如下：

```yaml
AWSTemplateFormatVersion: '2010-09-09'
Transform: 'AWS::Serverless-2016-10-31'
Description: 'Performs a periodic check of the given site,
erroring out on test failure.'
Resources:
lambdacanary:
    Type: 'AWS::Serverless::Function'
    Properties:
        Handler: lambda_function.lambda_handler
        Runtime: python2.7
        CodeUri: .
        Description: >-
            Performs a periodic check of the given site,
erroring out on test failure.
        MemorySize: 128
        Timeout: 10
        Events:
```

```
        Schedule1:
            Type: Schedule
            Properties:
                Schedule: rate(1 minute)
    Environment:
        Variables:
            site: 'https://www.google.com/'
            expected: Search site.
```

(2) 该 CloudFormation 代码片段中包含了很多语法。下面来详细地了解一下。

- 前三行代码包含了 Lambda 函数的元信息，比如 `Transform:'AWS::Serverless-2016-10-31'` 这行代码，它定义了用户将通过 CloudFormation 模板使用和访问的资源。由于正在使用 Lambda 函数，所以我们已将其指定为 `Serverless`。
- 我们还定义了函数将使用的内存大小。其方法与在 Lambda 控制台中查看和更改内存设置的方法类似。
- `Timeout` 表示认定失败前 Lambda 函数重试的时间。

你还可以看到我们已将环境变量添加到 Lambda 函数中，并存储在 Lambda 容器中，它可以在系统需要时使用。

8.3 使用 SAM 进行部署

在本节中，我们将学习如何部署 SAM 应用程序。我们已经学习了 SAM 应用程序及其代码，接下来学习如何通过 AWS CloudFormation 部署它们。

(1) 首先需要为部署工作设置本地环境，然后通过 pip 安装 `awscli`。

(2) 接下来使用凭据来配置 AWS 环境。

```
(venv) → Desktop aws configure
AWS Access Key ID [***************OP2Q]:
AWS Secret Access Key [***************+WOV]:
Default region name [None]:
Default output format [None]:
```

(3) 你需要输入以下详细信息以确保 AWS 环境配置成功：

- 你的 AWS 访问密钥
- 你的 AWS 密钥
- 你要操作的默认区域
- 数据的默认输出格式

(4) 现在通过 SAM 来部署一个简单的 Hello World Lambda 应用程序。它包含两个代码文件：一个是 Python 文件，另一个是 yaml 模板文件。

(5) 我们将使用 Python 默认的 Hello World 示例来学习 SAM 部署的工作方式。Python 脚本如下所示：

```
import json
print('Loading function')
def lambda_handler(event, context):
    #print("Received event: " + json.dumps(event, indent=2))
    print("value1 = " + event['key1'])
    print("value2 = " + event['key2'])
    print("value3 = " + event['key3'])
    return event['key1']  # Echo back the first key value
    #raise Exception('Something went wrong')
```

(6) 我们也将为 SAM 函数使用基本的 yaml 模板文件。SAM 函数的作用是定义其元信息并运行之前提到的 Python 脚本。yaml 模板文件如下所示：

```
AWSTemplateFormatVersion: '2010-09-09'
Transform: 'AWS::Serverless-2016-10-31'
Description: A starter AWS Lambda function.
Resources:
    helloworldpython3:
        Type: 'AWS::Serverless::Function'
        Properties:
            Handler: lambda_function.lambda_handler
            Runtime: python3.6
            CodeUri: .
            Description: A starter AWS Lambda function.
            MemorySize: 128
            Timeout: 3
```

(7) 现在，使用以下命令来打包刚刚创建的 SAM 模板。打包命令如下：

```
aws cloudformation package --template-file template.yaml --output-template-file output.yaml --s3-bucket receiver-bucket
```

命令执行完成之后，输出信息如下：

(8) 正如前文提到的那样，这将创建一个需要部署的 yaml 文件。output.yaml 文件的内容如下所示：

```
AWSTemplateFormatVersion: '2010-09-09'
Description: A starter AWS Lambda function.
Resources:
    helloworldpython3:
        Properties:
            CodeUri: s3://receiverbucket/22067de83ab3b7a12a153fbd0517d6cf
            Description: A starter AWS Lambda function.
            Handler: lambda_function.lambda_handler
            MemorySize: 128
            Runtime: python3.6
            Timeout: 3
        Type: AWS::Serverless::Function
Transform: AWS::Serverless-2016-10-31
```

(9) 我们已经成功将 SAM 模板打包，接下来部署它。我们将使用打包过程中的说明来部署它。部署说明如下：

```
aws cloudformation deploy --template-file /Users/<path>/SAM/output.yaml --stack-name 'TestSAM' --capabilities CAPABILITY_IAM
```

执行之后将获得如下输出信息：

(10) 可以前往 CloudFormation 控制台查看刚刚部署的模板。部署的模板如下图所示。

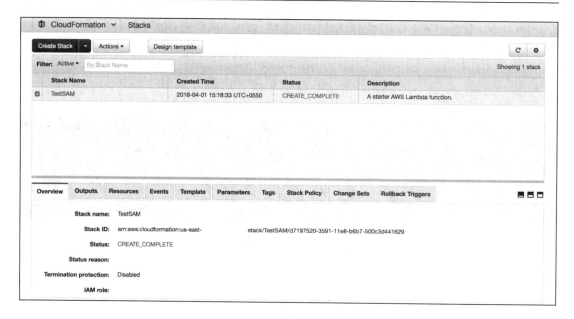

(11) 在 Template（模板）选项卡中，可以看到原始模板和处理过的模板。选择第一个单选按钮即可查看原始模板。

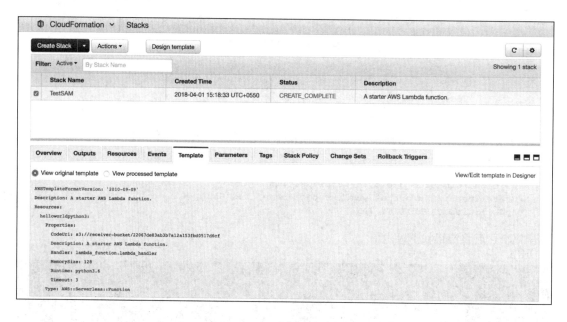

(12) 在页面底部选择 Template 选项卡的第二个单选按钮，就可以看到处理过的模板。

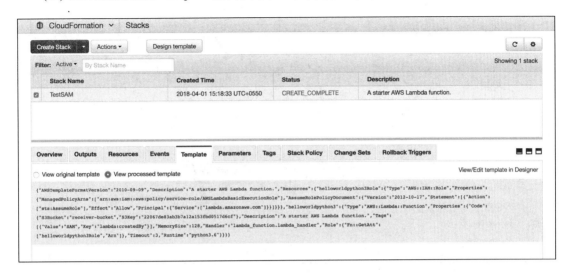

(13) 在 Lambda 控制台，可以看到新创建的 Lambda 函数，它是通过 SAM 创建的并具有我们命名的名称。

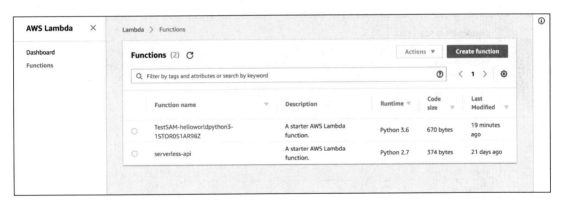

(14) 单击 Functions（函数）可以看到有关它的更多信息。其中提到了用于创建它的 SAM 模板和 CloudFormation 模板。

（15）接下来为 Lambda 函数创建基本的测试。单击 Test（测试）按钮即可打开创建测试的控制台。

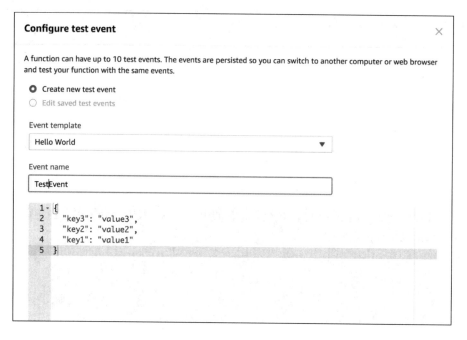

（16）成功创建测试之后，可以再次单击 Test 按钮。它会运行新的测试用例。成功运行后的日志如下所示。

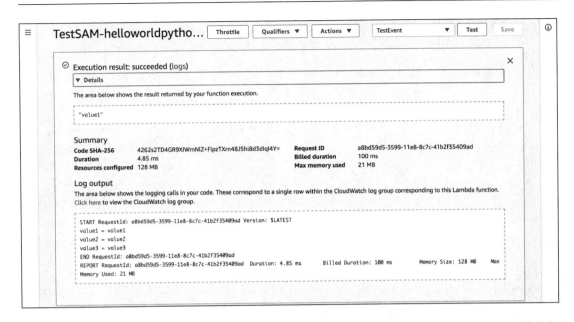

(17) 现在来看看 Lambda 函数的各个组件。**Configuration**（配置）显示了 Lambda 函数的触发器和日志设置。登录 AWS 的 CloudWatch 服务，如下图所示。

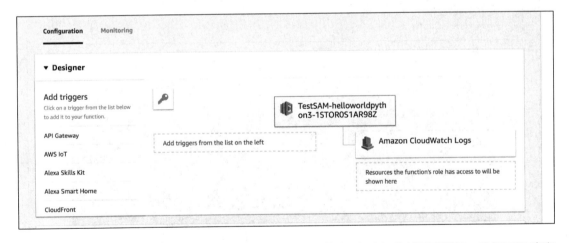

(18) 还可以在 Lambda 控制台中的 **Monitoring**（监控）选项中看到调用指标。我们可以清晰地看到一个 Lambda 调用。

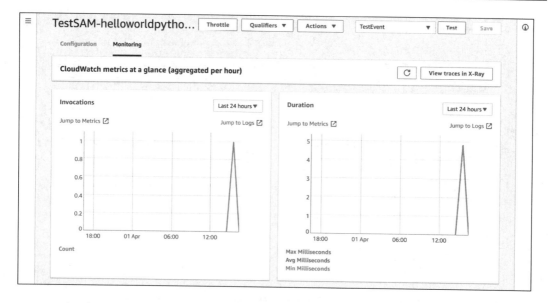

（19）可以在 Function code（函数代码）部分查看代码文件。可以在交互式代码编辑器的左侧看到文件夹结构。代码编辑器中包含了 template.yaml 文件和函数代码。

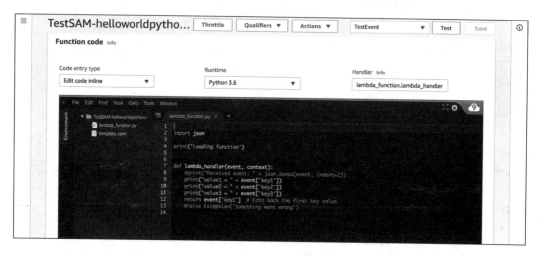

（20）继续往下看，可以看到名为 `lambda:createdBy` 的预先存在的环境变量，以及我们在模板中提到的超时设置。

8.4 了解 SAM 中的安全性

到目前为止，我们已经学会了如何使用 SAM 编写、构建、打包和部署 Lambda 函数。下面来了解 SAM 中的安全性原理。

(1) 可以在 Lambda 控制台的底部查看网络和安全设置，其中提到了 VPC 和子网的详细信息。

(2) 现在添加网络设置，包括安全组和子网 ID。

```
AWSTemplateFormatVersion: '2010-09-09'
Transform: 'AWS::Serverless-2016-10-31'
Description: A starter AWS Lambda function.
Resources:
    helloworldpython3:
        Type: 'AWS::Serverless::Function'
        Properties:
            Handler: lambda_function.lambda_handler
            Runtime: python3.6
            CodeUri: .
            Description: A starter AWS Lambda function.
            MemorySize: 128
            Timeout: 3
            VpcConfig:
                SecurityGroupIds:
                    - sg-9a19c5ec
                SubnetIds:
                    - subnet-949564de
```

(3) 像上一节那样，打包并部署新的 SAM 模板。

(4) 进行相应的编辑之后，对 CloudFormation 模板进行打包和部署，即可看到相应的网络和安全设置。其中网络部分如下所示。

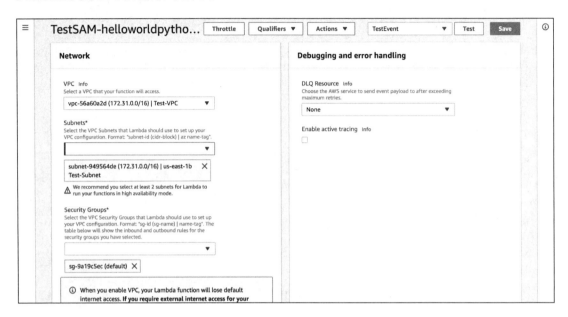

(5) 在网络设置中，还可以看到你的 VPC 所对应的安全组的 inbound 规则。

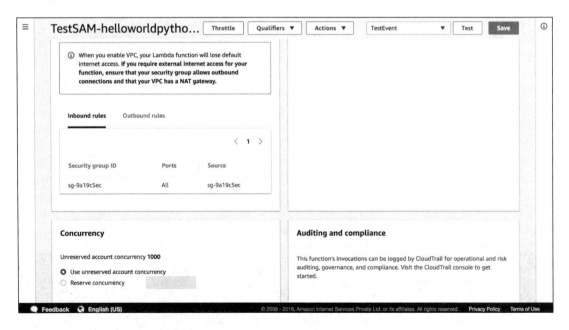

(6) 还可以在控制台中看到已完成的 CloudFormation 模板。请核对网络和安全设置，如果无误，则证明部署成功。

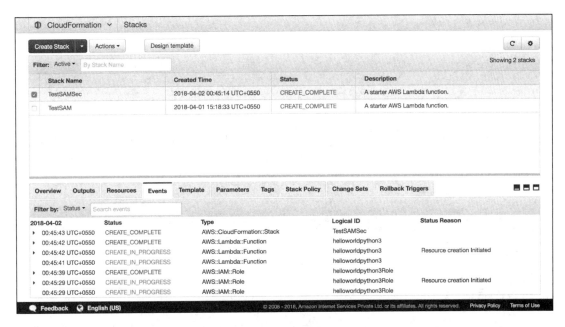

(7) 还可以在控制台底部的 Templates 选项中看到原始模板。

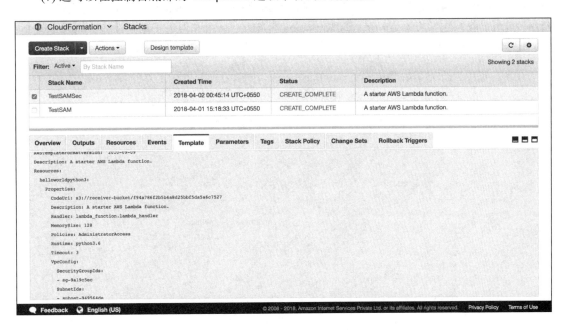

(8) 在控制台的底部，选择原始模板选项旁边的 View processed template 选项，即可查看处理过的模板。

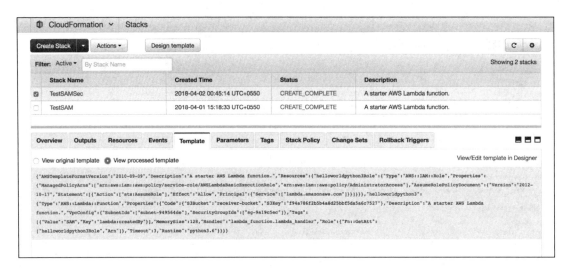

8.5 小结

在本章中，我们学习了如何通过 SAM 将 Lambda 函数部署为基础设施即代码，这是一种编写和部署 Lambda 函数的新方法。这使其与其他 IaaS 服务（例如 CloudFormation）的集成变得更容易。此外，我们还学习了 AWS CloudFormation 服务，它认可和促进了基础设施即代码的理念。我们还学习了 SAM 代码中安全性的工作原理，以及如何配置 VPC 和子网设置。

在下一章中，你将了解微软的 Azure Functions，并学习和配置该工具的各个组件。

第 9 章 微软 Azure Functions 简介

到目前为止，我们已经学会了如何在 AWS 中使用 Python 来构建 Serverless 函数和 Serverless 架构，还详细了解了 AWS Lambda 工具的环境和设置方法。下面来学习和探索一个与之类似的平台，即微软的 Azure Functions。

在本章中，你将了解微软 Azure Functions 的工作原理、控制台界面及其设置方法。本章分为以下几个部分：

- 微软 Azure Functions 简介
- 创建你的第一个 Azure Function
- 了解触发器
- 了解日志记录和监控
- 编写微软 Azure Functions 的最佳实践

9.1 微软 Azure Functions 简介

微软的 Azure Functions 与 AWS 的 Lambda 服务非常类似。本节将学习如何查找和导航微软 Azure Functions 控制台。我们来执行以下步骤。

(1) 你可以导航到左侧菜单的 **All services**（所有服务）选项卡，并通过函数过滤器找到 Azure Functions 应用。你会看到名为 **Function Apps**（函数应用）的微软 Azure Function 服务。

(2) 单击该按钮，即可打开 Function Apps 控制台。如果你没有创建任何函数，那么它将是空的。该控制台如下图所示。

(3) 现在来创建 Azure Function。为此，单击左侧菜单的 **Create a resource**（创建资源）选项，并单击列表中的 **Compute**（计算）选项，然后从后续列表中选择 **Function App** 选项。

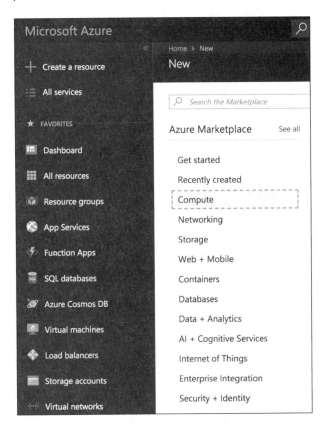

我们可以在仪表盘的 Compute 列表中看到微软 Azure Functions。接下来学习如何创建微软 Azure Function，并了解不同类型的触发器及其工作原理。

9.2 创建你的第一个 Azure Function

在本节中，我们将学习如何创建和部署一个 Azure Function。我们会通过详细的步骤来了解 Azure 函数的各个部分。

(1) 单击菜单中的 **Functions App**，即可打开函数应用创建向导，如下图所示。

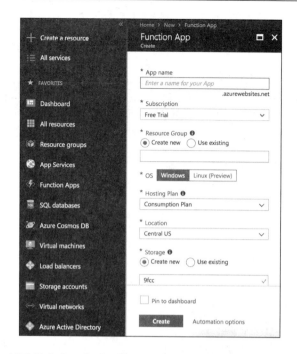

(2) 在向导中添加所需的信息。操作系统选择 Linux (Preview)。然后单击向导底部的蓝色 Create（创建）按钮。

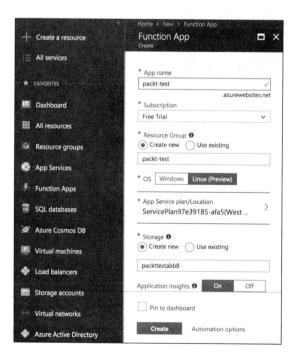

（3）单击底部的 Automation options（自动化选项）将打开自动化功能部署的验证界面。本章中并不需要这样做。它将简单地验证你的 Azure Function。

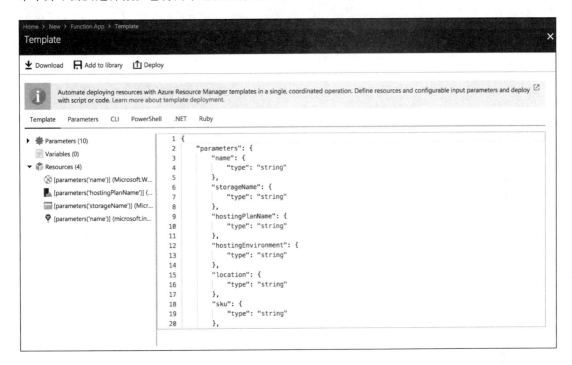

（4）单击 Create，你将在 Notifications（通知）菜单中看到正在进行的部署。

（5）成功创建 Azure Function 之后，它将在你的通知列表中以绿色字样呈现。

(6) 单击 Go to resource 按钮将跳转到新创建的 Azure Function。其控制台如下图所示。

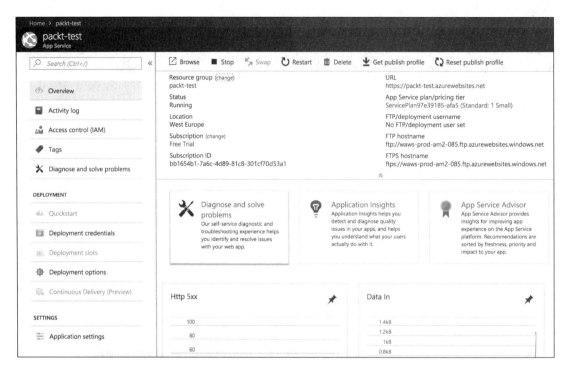

至此，我们已成功创建了 Azure Function。接下来将详细介绍触发器、监控以及安全性。

9.3 了解触发器

在本节中，我们将学习 Azure Function 应用程序中触发器的工作原理。我们会了解不同类型的触发器及其目的。执行以下步骤。

(1) 在左侧菜单中，单击 Functions 选项旁边的加号（+）进行触发器的添加、删除或者编辑操作。

(2) 你将进入函数创建控制台，如下图所示。

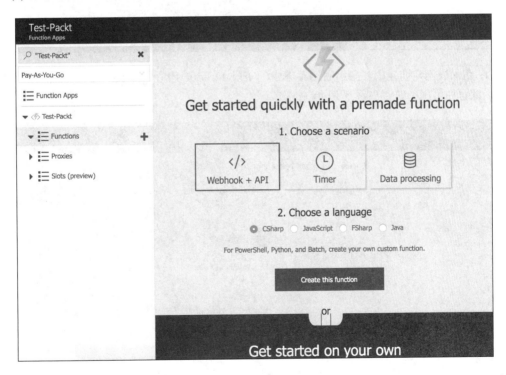

(3) Azure 对 Python 没有太多支持。因此，在这个控制台中，我们选择一个自定义的函数。单击页面底部 Get Started on your own（自己动手）选项中的 Custom function（自定义函数）。

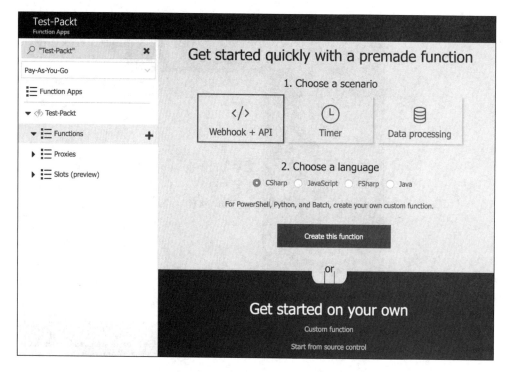

(4)在函数创建向导中,启用右侧菜单中的 Experimental Language(实验性语言)选项。此时,即可在可用的语言中看到 Python 选项。

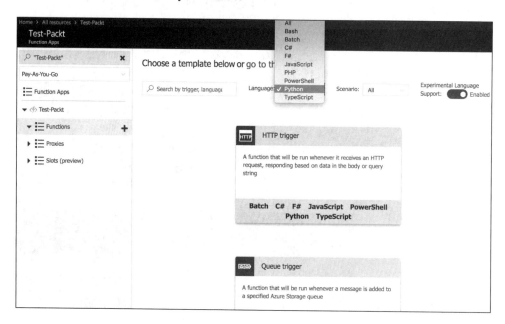

(5) 在这里，Python 语言有两种可用的触发器。其中一个是 HTTP trigger（HTTP 触发器），另一个是 Queue trigger（队列触发器），如下图所示。

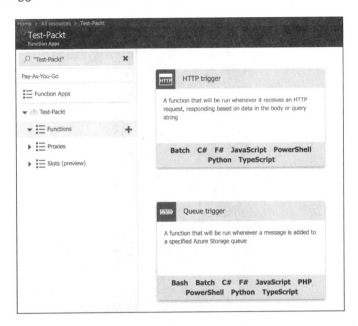

(6) HTTP trigger 会在收到 HTTP 请求时触发函数。单击它，你会看到添加不同的 HTTP 相关设置的选项，例如授权和名称。

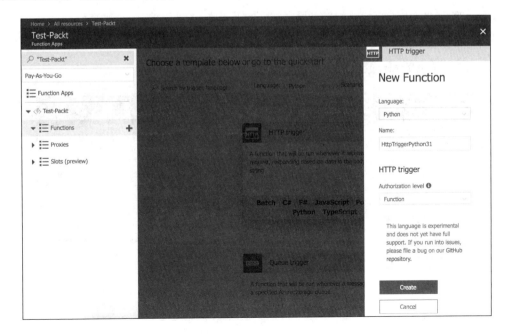

(7) 另一个触发器是 **Queue trigger**。一旦有新的消息进入队列，便会触发函数。在前面的章节中，我们在 AWS Lambda 中做过类似的事情。

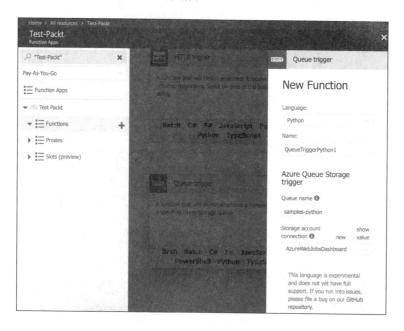

9.4　Azure Functions 的日志记录和监控

在本节中，我们将学习和理解微软 Azure Functions 为用户提供的日志记录和监控机制。执行以下步骤。

(1) 单击函数下的 **Monitor**（监控）选项，即可访问该 Azure 函数的监控套件。

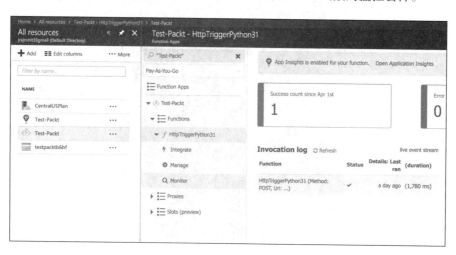

(2) 我们创建的函数的监控套件如下图所示。

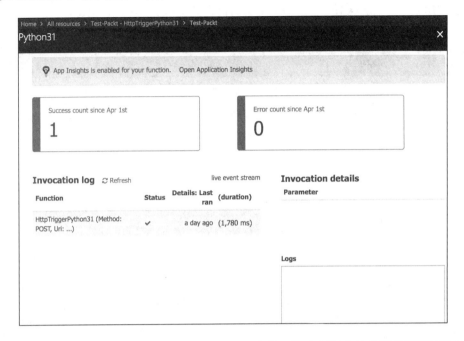

(3) 单击菜单顶部的 Open Application Insights 选项，将会打开监控的详细信息页面。

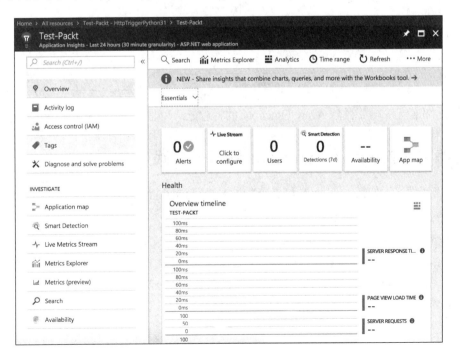

(4) 继续查看页面内容，将看到该函数的一些指标，例如服务器响应时间和请求性能。这些指标非常有用，因为它意味着我们不需要单独的仪表盘来监控这些统计信息。

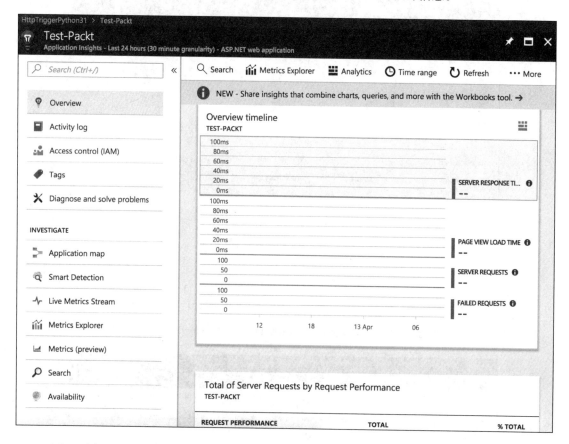

至此，我们已了解了微软 Azure Functions 的日志记录和监控功能，下面来看一些最佳实践。

9.5 编写微软 Azure Functions 的最佳实践

我们已经学习了如何创建、配置和部署微软 Azure Functions，下面来了解使用 Azure Functions 的最佳实践。

- 微软 Azure Functions 对 Python 的支持力度不像 AWS Lambda 那样强大。它提供的基于 Python 的触发器非常有限。因此，你需要编写大量的自定义函数。开发者在决定使用微软 Azure Functions 之前需要注意这一点。微软 Azure Functions 支持的语言有 C#、F#和 JavaScript。

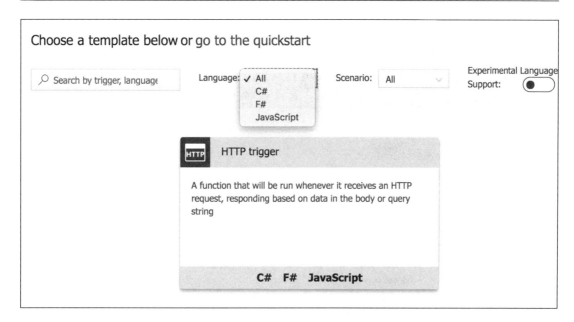

- 微软 Azure Functions 支持的实验性语言有 Bash、Batch、PHP、TypeScript、Python 和 PowerShell。

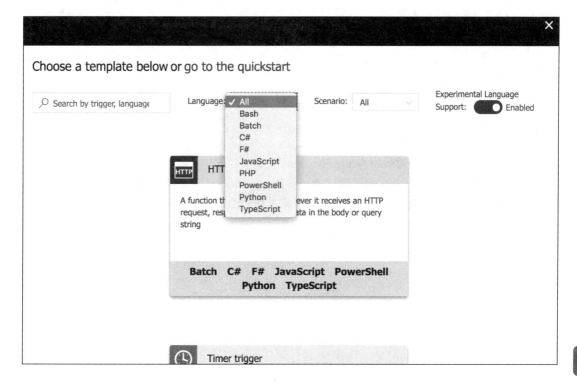

- 确保使用恰当的安全设置来保护你的函数。可以在 Platform features（平台功能）选项中找到所需的所有设置。

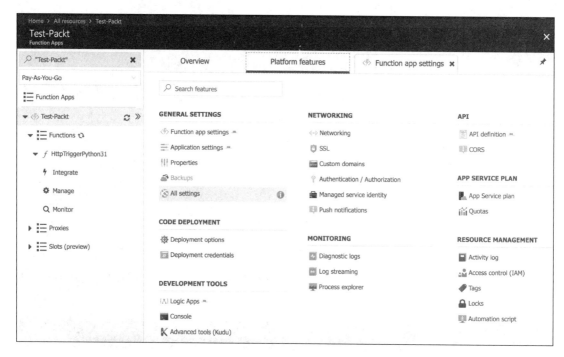

- 最后，尽可能使用监控，它对于记录和监控 Serverless 函数至关重要。我们已经完成了监控相关的设置细节。

9.6 小结

在本章中，我们学习了微软的 Azure Functions 及其构建方法；了解了多种可用的功能，以及基于 Python 的触发器；学习并实验了微软 Azure Functions 的日志记录和监控功能，理解并实验了 Azure 的一些实验性功能，比如使用标准语言集之外的语言编写自定义运行时。

技术改变世界 · 阅读塑造人生

基础设施即代码：云服务器管理

◆ DevOps之父Patrick Debois、《重构》作者Martin Fowler、中国DevOpsDays社区组织者刘征推荐

◆ 实现IT基础设施管理向云时代转型，提升自动化程度、效率和可靠性

书号：978-7-115-49063-6
定价：89.00 元

Docker 经典实例

◆ 超过130个经过验证的Docker实践，直指容器精髓

书号：978-7-115-44656-5
定价：69.00 元

微服务设计

◆ 通过Netflix、Amazon等多个业界案例，从微服务架构演进到原理剖析，全面讲解建模、集成、部署等微服务所涉及的各种主题

书号：978-7-115-42026-8
定价：69.00 元

前端架构设计

◆ Red Hat公司真实案例分析，系统总结前端架构四核心，让前端架构可持续优化、可扩展

书号：978-7-115-45236-8
定价：49.00 元

技术改变世界 · 阅读塑造人生

Flask Web 开发：基于 Python 的 Web 应用开发实战（第 2 版）

- ◆ Web开发入门经典教材"狗书"新版，针对Python 3全面修订
- ◆ 以完整项目开发流程为例，全面介绍Python微框架Flask

书号：978-7-115-48945-6
定价：69.00 元

流畅的 Python

- ◆ PSF研究员、知名PyCon演讲者心血之作，Python核心开发人员担纲技术审校
- ◆ 全面深入，对Python语言关键特性剖析到位
- ◆ 大量详尽代码示例，并附有主题相关高质量参考文献
- ◆ 兼顾Python 3和Python 2

书号：978-7-115-45415-7
定价：139.00 元

深入理解 Python 特性

- ◆ 影响全球1 000 000以上程序员的PythonistaCafe社区创始人Dan Bader手把手带你提升Python实践技能，快速写出更高效、更专业的Python代码

书号：978-7-115-51154-6
定价：49.00 元

Python 网络编程（第 3 版）

- ◆ 从应用开发角度介绍网络编程基本概念、模块以及第三方库
- ◆ 利用Python轻松快速打造网络应用程序
- ◆ Python 3示例讲解

书号：978-7-115-43350-3
定价：79.00 元

站在巨人的肩上
Standing on Shoulders of Giants

TURING
图灵教育

iTuring.cn

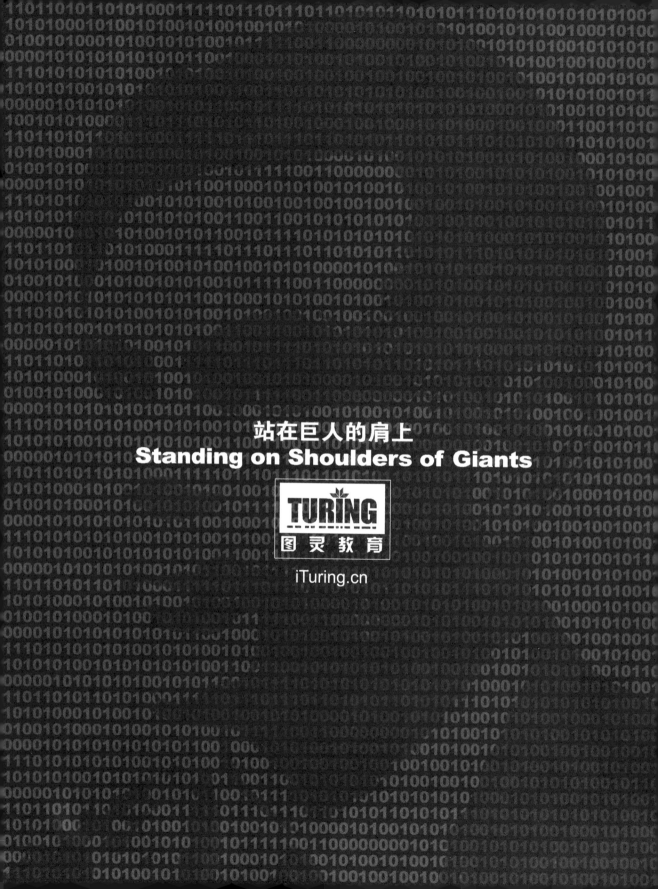